MED BERZELIUS BLAND FRANSKA SNILLEN OCH SLOCKNADE VULKANER

CARL GUSTAF BERNHARD

MED BERZELIUS BLAND FRANSKA SNILLEN OCH SLOCKNADE VULKANER

WIKEN

MED BERZELIUS BLAND FRANSKA SNILLEN
OCH SLOCKNADE VULKANER

Utgiven av Förlags AB Wiken
Foto där inte annat angives: Carl Gustaf Bernhard
Grafisk formgivning: Folke Müller
Fotosättning: Berling antikva, Typografen 1 AB
Repro: Bjäre Grafiska AB
Tryck och inbindning: Bulls tryckeriaktiebolag, Halmstad
ISBN 91-7024-233-X

MARTIN HOLM

BERZELIUS

Bronsstaty utförd av C. G. Qvarnström.
Vid mitten av 1800-talet fylldes sumpmarken i innersta delen av Nybroviken, Katthavet, ut och en park anlades. Här lät Kungl. Vetenskapsakademien resa denna minnesvård som avtäcktes den 16 juli 1858 och så skapades begreppet Berzelii park.

I N N E

H Å L L

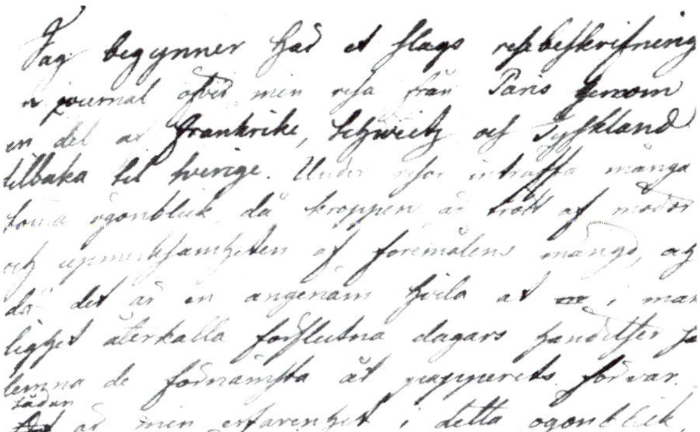

Jag begynner här et slags resebeskrifning
i journal öfver min resa från Paris genom
en del af Frankrike, Schweitz och Tyskland
tillbaka till Sverige. Under resor inträffa många
sköna ögonblick, då kroppen är trött af mödor
och uppmärksamheten af föremålens mängd, och
då det är en angenäm [illegible] at [illegible], man
[illegible] återkalla förflutna dagars händelser [illegible]
lemna de förvarampta åt papperets förvar.
Sådan är min erfarenhet, detta ögonblick,
och jag förmodar at sådant [illegible] [illegible]

»All vår teori är icke annat än ett sätt att föreställa oss fenomenens inre förlopp på ett konsekvent sätt, och den är antaglig och tillräcklig, då alla i vetenskapen kända fakta kunna därur härledas. Ett sådant föreställningssätt kan likväl vara falskt och torde tyvärr ofta så vara, ehuru det ändå, i en viss period av vetenskapens utveckling, lika fullkomligt svarar mot ändamålet som en riktig teori. Erfarenheten ökas, fakta inträffa, som ej därmed överensstämma, och man nödgas uppsöka ett nytt föreställningssätt, passande även till dessa fakta; och på detta sätt skola tvivelsutan från tidevarv till tidevarv föreställningssätten ombytas, i mån som erfarenheten utvidgas, och det fullt riktiga kanske aldrig uppnås. Men om också detta mål icke kan upphinnas, förkastom likväl icke bemödandet att komma det närmare.»

BERZELIUS, LÄROBOK I KEMIEN Bd 3, 1818

VARFÖR BERZELIUS?

Det är förvånande att Jöns Jacob Berzelius för det nuvarande släktet här i Sverige knappast är mer än ett namn som man kanske tror sig ha hört. Och ändå är han en av världens främste naturforskare och hör till dem som under 1800-talets första hälft lade grunden till den moderna kemin – och mineralogin. ''Var han svensk'', har det hänt att besökare på Vetenskapsakademien frågat mig, då de får se hans porträtt.

På sätt och vis är den i vetenskapliga kretsar till leda berättade anekdoten om hans änka symbolisk. Berzelius, som ingalunda var ointresserad av det täcka könet och som heller inte lämnade sin kvinnliga omgivning opåverkad, lyckades hålla sig ogift ända upp till 50-årsåldern. Han påstod själv att det var för att inte de åtföljande sociala åtagandena skulle störa arbetet i laboratoriet. Då hans anhöriga i livliga färger utmålade den ogiftes dystra ålderdom och varnade för en ''intresselös livets afton'' gifte han sig vid 56 års ålder. För att vara på den säkra sidan valde han den 30 år yngre Betty Poppius som han känt ända sedan hon var barn. Marginalen var väl tilltagen och resultatet blev för Betty ett trettiosexårigt änkestånd efter Berzelius död 1848. Det var naturligt att hon av och till inbjöds att delta i olika officiella festligheter där speciella omständigheter motiverade friherrinnan Berzelius närvaro – Carl XIV Johan hade förlänat Berzelius ''adelig värdighet''. Några årtionden hade runnit undan och hennes bordskavaljer var som vanligt en hög dignitär. Det var svårt att placera in henne i sammanhanget så han frågade nedlåtande: ''Och min nådigas man, vad gör han?'' ''Jaha min man'', svarade den lilla friherrinnan dröjande, ''ja han står staty i Berzelii park.''

Där står han ännu, romantiskt förskönad, och är i dag för många rätt och slätt en staty, för andra kanske bara en sällsam benämning på en av Stockholms parker. Det är som Sten Lindroth säger i sin eleganta essay om Berzelius och hans tid: ''Berzelius har alltid varit en angelägenhet först och främst för kemister och kemihistoriker; vi andra vördar honom på avstånd som ett monument upprest i begynnelsen av den moderna kemins våldsamma utveckling under 1800-talet.''

Det har skrivits en hel del om Berzelius som föregångsman inom kemin, som organisatör, stridbar vetenskapsman och kulturhistoriker.

Ingen annan svensk naturforskare – förutom Linné – har ägnats en så omfattande biografi och avporträtterats så ofta, utan att han själv – i motsats till Linné – gjort så särskilt mycket för det. Men i levnadsteckningarna hålls läsaren på ett respektfullt avstånd från huvudpersonen, som behandlas med tillbörlig vördnad.

Berzelius var en hejdlöst flitig brevskrivare och mångt och mycket som har skrivits om honom är hämtat från hans korrespondens, både den rent vetenskapliga och den mer vardagliga och förtroliga. Det mesta kom till under en tid, då det ansågs stötande att exponera en så öppenhjärtig frispråkighet som i mustig språklig tappning serveras i den intima berzelianska korrespondensen. Då de breven citerades skedde en gallring och stympning så att man aldrig riktigt kom hans person in på livet. Först under senare år har Berzelius intimare skriftväxling börjat ges ut i ocensurerad form till glädje för den som närmare vill känna denne rättframme och färgstarke östgöte.

De flesta av hans många vetenskapliga skrifter riktar sig till fackmän, men en hel del vänder sig till en bredare publik. Han var själv angelägen att med ett klart och enkelt språk föra ut de senaste vetenskapliga rönen till den stora allmänheten. Mycket av vad han skrev låg utanför vetenskapens snäva domäner. Även om de självbiografiska anteckningar som han inlämnade till Vetenskapsakademien inte är direkt avsedda för den stora publiken, är de en nöjsam läsning även för den som inte är fackman. Det gäller också hans reseberättelser, där man möter en brokig samling kolleger och vänner i de nordiska, engelska, franska och tyska kulturkretsarna.

Berzelius hade en speciell dragning till Paris, vid den tiden den naturvetenskapliga forskningens Mecka, där hans egna arbeten tidigt vunnit uppskattning. Då han sommaren 1818 reste dit fick han ett varmt mottagande av sina franska kolleger, fann sig väl tillrätta, stannade i elva månader och avslutade Frankrikevistelsen med en resa genom Auvergne och Vivarais.

Det var vännerna i Paris som planerade den tre veckor långa resan i Centralmassivet. På den tiden var det ett äventyrligt företag att med skrangliga skjutsar, på hästryggen och till fots leta upp naturens märkvärdigheter i denna avlägsna trakt, där hundratals grönklädda vulkanrester berättar om de geologiska omvälvningar som en gång givit denna del av Frankrike dess egenartade karaktär.

Ett halvt sekel senare sökte sig en äventyrslysten engelsman till samma vildmark, för han ville "uppleva livet som det är, strävt och ursprungligt, kliva ned från civilisationens fjäderbädd och känna jordskorpans hårda granit och skarpkantade flinta under foten". Han fick sitt lystmäte. Det var Robert Louis Stevenson, vars älskvärda "Resa med åsna i Cevennerna" vittnar om att livet i de små ensliga byarna och städerna i stort sett var detsamma som på Berzelius tid. Förändringarna sker långsamt i denna sagobygd, som dröjer sig kvar i det förgångna. Så är det fortfarande.

''Man reser för att få vänner'', säger Stevenson, ''det är livets syfte och behag'', och så tillägger han att alla böcker innerst inne är cirkulärbrev till den skrivandes vänner.

Detsamma gäller väl för Berzelius anteckningar. Men få känner till dem och de borde med en större spridning kunna vidga hans vänkrets i vår tid. Det var åtminstone vad jag kom fram till då jag, som Berzelius sentida efterträdare på sekreterarposten i Vetenskapsakademien, hade särskild anledning att ta del av hans skriftliga kvarlåtenskap. Läsningen av hans reseskildring födde dessutom en märkvärdig längtan att, med Berzelius som färdledare, se detta vulkanlandskap, där rester av romerska kolonner, riddarborgar och katedraler berättar om kulturer som kommit och gått under seklerna efter de geologiska våldsamheterna.

Berzelius färdades med hästskjuts och på hästryggen. Stevenson gick 60 år senare till fots, i ständig konflikt med den lilla packåsnan Modestine. Sedan dröjde det inte länge förrän August Strindberg kom dit ner för sina ''autopsier och interviewer'' bland franska bönder. Det var år 1886 och han tyckte Auvergne såg ledsamt ut. Han var osäker om det berodde på att han kom från södern eller därför att det var mulet eller helt enkelt därför att det var ett trist land. Han höll sig till Clermont-Ferrand med närmaste omgivning och kom dit med tåg, tredje klass, ''hunsades som preussare, chikanerades av gendarmer, behandlades som lösdrivare på hotellen, då vi ej hade annat bagage än vårt handgepäck''.

En sentida svensk Auvergneresenär, i början av 1950-talet, Olle Holmberg, lovprisar cykeln. Helt visst ett mer samarbetsvilligt fortskaffningsmedel än Stevensons självrådiga lilla åsninna och Berzelius älskogskranka häst. Själv föll jag för frestelsen att använda bilen då jag gav mig ut på de berzelianska färdvägarna.

Det föll mig då också in att Berzelius reseskildring från de franska högländerna kunde erbjuda ett nöjsamt sätt att närma sig hans person. År 1903 lät Vetenskapsakademien trycka hans reseberättelser genom den dåvarande sekreterarens, Henrik G. Söderbaum, försorg men upplagan var begränsad och fick en mycket liten spridning. Det avsnitt som här återges är hämtat därifrån.

Av erfarenhet vet jag att alltför få känner till Berzelius och att många frågar sig: Vem var han, vad gjorde han, varför for han till Frankrike, vem umgicks han med därnere och slutligen varför tog han sig upp på Centralmassivets oländiga höjder? Därför har jag försökt ge svar på de frågorna.

I presentationen av Berzelius låter jag honom ofta tala själv med användning av citat från hans brev och skrifter. Reseberättelsen har jag tillåtit mig dela upp i en serie avsnitt som varvats med min skildring från nutiden. För att underlätta läsningen har jag tagit mig friheten att i citaten och i den berzelianska resebeskrivningen använda nystavning och ej tyngt texten med noter och hänvisningar utan i stället bifogat en litteraturförteckning.

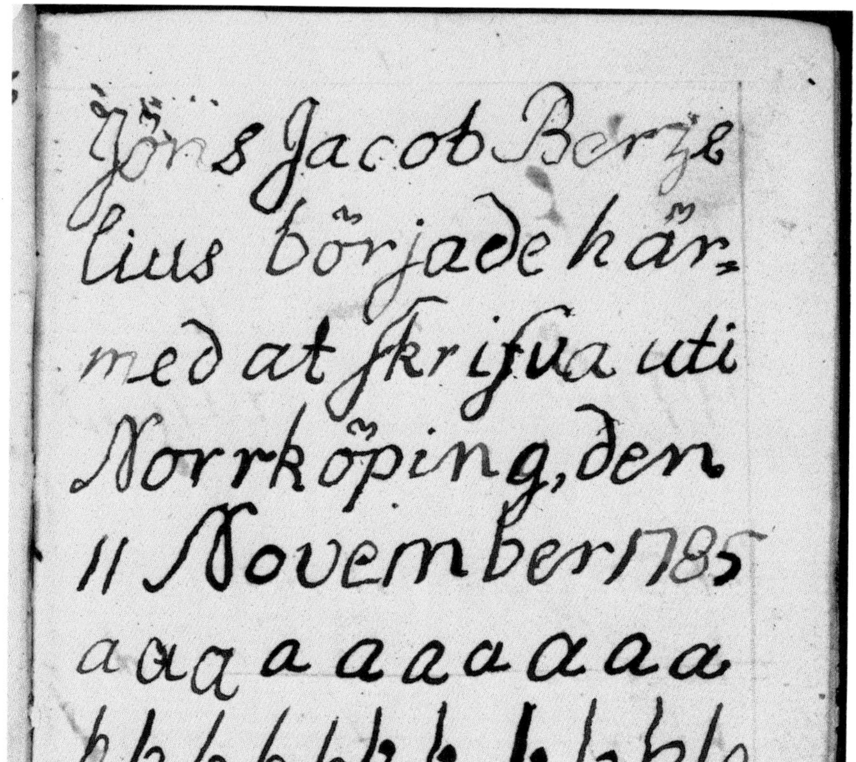
Jöns Jacob Berze-
lius började här-
med at skrifva uti
Norrköping, den
11 November 1785

Första sidan i Berzelius första skrivbok 1785.

VEM VAR HAN?

Berzelius säger själv att naturvetenskapens studium var "hans levnads största sällhet". Han skälver av iver då han i sin studentlya i Uppsala lyckas upprepa Scheeles försök att framställa syre. De fruktbara år då han mest kunde ägna sig åt experimentarbete, tyckte han själv var de lyckligaste i livet, trots allehanda ekonomiska bekymmer. Han bedrev sin forskning uteslutande för vetandets egen skull och utan tanke på vare sig resultatens eventuella praktiska betydelse eller – ännu mindre – på deras meritvärde. Han ville avlocka naturen dess hemligheter, skapa ordning i mångfalden och söka förklara skeendena bakom fenomenen.

Laboratoriearbetet var viktigare än allt annat. Men Berzelius var ingalunda en laboratoriebunden tungus och avvisande enstöring. Han hade ovanligt lätt att få vänner i de mest skilda miljöer och var själv i grund och botten road av sällskaplig samvaro. Men det kändes som ett hot emot forskningen och han var orolig för att tillfredsställandet av detta behov av umgänge skulle inkräkta på arbetet. Av samma anledning undvek han också giftermål. Säger han själv. Men upplevelserna under barnaåren var väl inte utan betydelse i det sammanhanget, för han hade en säregen barndom.

Han föddes 1779 i Väversunda nära Omberg. Vid fyra års ålder förlorade han sin far, magister Samuel Berzelius. Då gifte modern om sig med kyrkoherden i Norrköpings tyska församling – änkling med fem barn – men efter några år gick också hon bort. Nu trädde hans moster in i moderns ställe, men det varade inte länge, för styvfadern med tillsammans sju barn från olika äktenskap gifte om sig med en prostänka med ett barn. Sin nya styvmor hade han inte heller så mycket glädje av, för av praktiska skäl förflyttades han tillsammans med sin syster tillbaka till Väversunda; nu till en morbror som blev hans förmyndare. Minsann fanns det inte också där redan sju barn och olyckan ville att husmodern ofta var berusad och dessutom lät honom förstå att han levde på nåder. För Jöns Jacob var det en lättnad då han vid 14 års ålder, tack vare sin högt avhållne informators omsorg, kom in på Linköpings gymnasium. Det blev att ömsom tjäna sitt uppehälle som informator och ömsom följa undervisningen.

Han hade många konditioner och var bl.a. som 15-åring informator, ''skrivmästare'' och dräng på en bondgård och logerade i en lagerlokal där temperaturen hölls just lagom för att potatisen inte skulle frysa. Själv menade han att vistelsen där gjorde honom kroppsligen gott och gladde sig åt belöningen: fyra riksdaler och ett par ljusblå yllestrumpor. Så helt lyckat var det väl inte, för husmodern ''var av starka dryckers bruk nära nog fånig''.

Barndomsupplevelserna torde inte ha varit utan betydelse för Berzelius avvaktande hållning till både äktenskap och starka drycker. De kvinnor som under hans tidiga barndom skulle ha stått honom nära gick i tur och ordning bort, och de som han under sin senare barndom hade att göra med var besvärande onyktra.

Gymnasiestudierna skötte han på sitt eget sätt, för han trivdes sämre i klassrummet med tragglet i latin, grekiska och hebreiska än i naturen med insektshåv och bössa. Håven gick väl an, men bössan var för skolungdom förbjuden och han undgick med nöd en förnedrande risbastu. Hebreiskan undvek han helt för att, som han sa, bereda större latitud för sina morgonexkursioner. Att vår störste naturforskare i sitt avgångsbetyg betecknades som ''en yngling av goda naturgåvor men dåliga seder och av ett tvetydigt hopp'' är välkänt i akademiska kretsar och har tjänat månget lärdomsljus som tröst och hopp. Men omständigheterna var den gången unika. Det var en okuvlig vilja och självständighet som förenades med en begåvning som den gode Linköpingsrektorn bara kunde ana sig till, då han skrev ut detta testimonium, som Berzelius tog som en sporrande förödmjukelse.

Han hade sannerligen slitstarka gener. Barndomsupplevelserna och erfarenheterna från skoltiden hade därtill lärt honom att stå på egna ben och lita till sig själv. Orädd och stridbar var han redo att ta itu med krångliga och prestigesjuka professorer i Uppsala, där han på stipendier och magra informatorstjänster fortsatte sina studier. Även om det inte var så illa som Berzelius låter påskina, så var den naturvetenskapliga verksamheten vid universitetet i varje fall inte vad han själv hade hoppats på. Medan han skaffade sig medicinsk utbildning sysslade han huvudsakligen med kemi – mest på egen hand och efter eget huvud. Han sörjde nu själv för sitt uppehälle, hade haft sina kärlekshistorier och hade både fått och mist vänner; han var vad som brukar kallas en mogen man. Laborerandet som förde till nya självständiga rön befäste hans lidelse för naturvetenskaperna, och de prövningar han gått igenom hade gjort honom medveten om den kraft som han koncentrerade på forskningsarbetet.

Efter examen flyttade han till Stockholm där vi 1802 finner honom som adjunkt utan lön vid den s.k. Kirurgiska skolan. Han levde till en början på att vara fattigläkare med en årslön på 200 kronor. ''Det var litet'', tyckte han själv men tillade att ''med inskränkta behov är litet ofta nog''. År 1807 blev han professor vid Kirurgiska skolan, som sedermera ut-

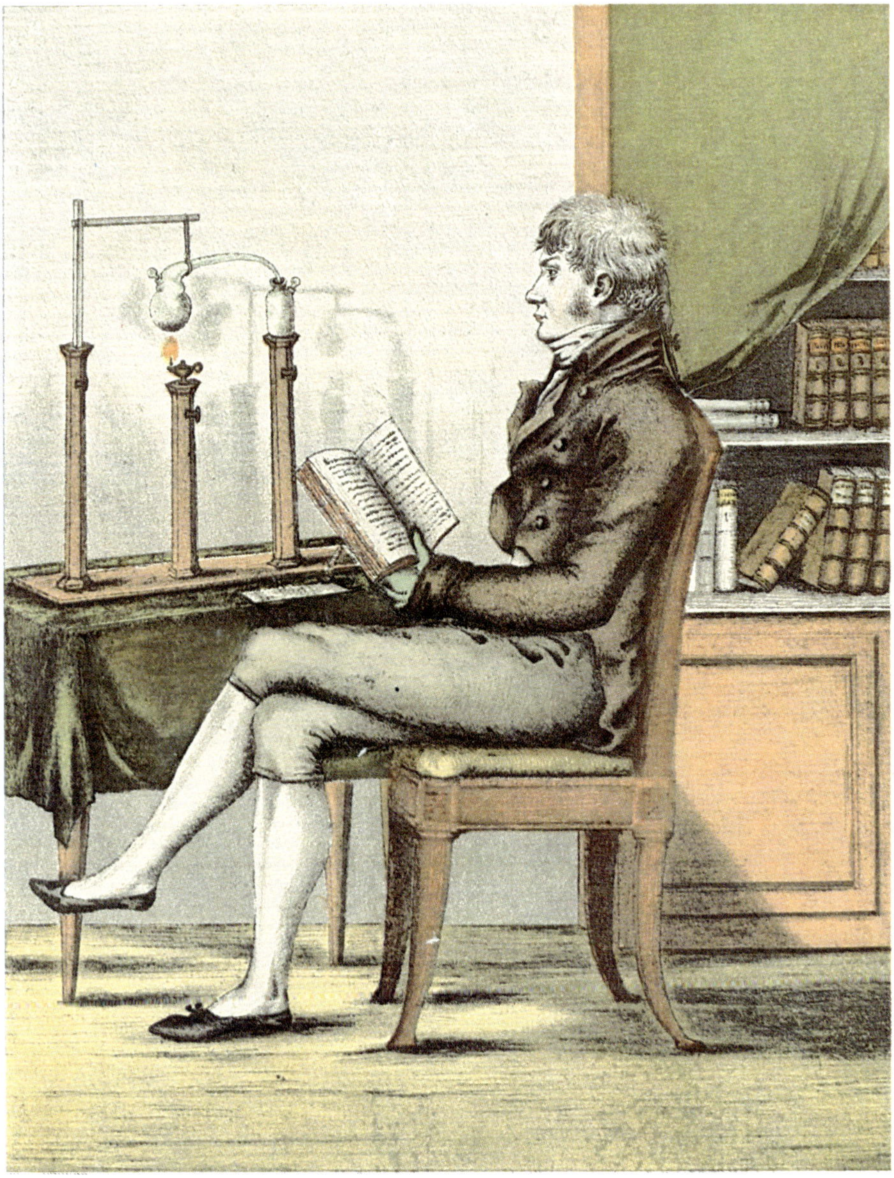

BERZELIUS?
Porträtt utfört av okänd konstnär och som man antar föreställer Berzelius någon gång mellan 1800 och 1810.

vecklades till Karolinska Institutet, vars självständiga ställning som medicinsk högskola Berzelius var med om att slåss för. Men de kemiska övningarna förblev hans huvudintresse och i trånga laboratorier, först uppe på Östermalm och sedan på Riddarholmen, ägnade han sig lidelsefullt åt undersökningar som slet på hälsan och förnyade den kemiska vetenskapen.

I dagens varma, välventilerade och väl upplysta laboratorier har vi svårt att föreställa oss hur det var att laborera, göra precisionsmätningar och hålla humöret uppe i Berzelius trånga, kalla rum med dålig belysning och där, som han själv sa, ''ingen eldstad rökte ut, och där vi måste lämna dörrar och fönster öppna för att släppa ut såväl rök som de mer eller mindre skadliga ångor, som vid kemiska operationer utvecklas''. Kalla vintrar var det gott om och det hände att laboratorietemperaturen kunde hålla sig 10° under nollpunkten.

Till levebrödet hörde föreläsningar om livsprocessernas kemi för medicinstuderande. Ämnet kallades på den tiden för djurkemi och Berzelius fann att vad skrifterna hade att säga i de frågorna saknade experimentella bevis och ofta grundade sig på spekulationer, eller som han själv säger ''allt vad på denna väg i senare tider från en så kallad högre filosofisk synpunkt blivit försökt, har endast gjort heder åt författarnas diktkonst utan att föra det mänskliga förnuftet en hårsmån närmare sanningen''.

Det var med experimentets hjälp som han i laboratoriet sökte svaren på frågorna. ''Jag anser det som ett stort fel att ha försökt sluta till något som försöken ej utvisa. Man måste ej söka vältalighet på riktighetens bekostnad. Man kan med sådant lysa som en sol men bliva utsläckt med en ljussax. Snillets eld lyser den forskande; det är ett irrsken, i vilket pennan rör sig vid skrivbordet, då det försöker något annat än att framlägga vad forskningen funnit, misstänkt, prövat och åter övertygat sig om.''

För Berzelius fick hypoteserna inte behandlas som axiom, de måste baseras på iakttagelser och endast användas som hjälpmedel. ''Vi måste ställa de rätta frågorna till naturen och tålmodigt avvakta svaren, arbetshypoteser kan vara broar till sanningen men också rutschbanor till misstag och förvillelse. – Vårt tidevarv älskar sannolikheterna och de förledande infallen men låt oss inte bländas av irrblossen, ta varning av Icharos, det är lätt att flyga på hypotesernas vingar, men solen smälter deras vax.'' Det var grundsatser som Berzelius hela sitt liv handlade efter.

Under den första tiden i Stockholm gjorde han flera upptäckter inom den oorganiska kemin. Tillsammans med sin gode vän brukspatronen Wilhelm Hisinger på Skinnskatteberg fann han ett nytt grundämne som döptes till cerium. Han gav också viktiga bidrag till kunskapen om elektrolysen, d.v.s. sönderdelningen av ämnen i vattenlösning med elektrisk ström. Det förra i konkurrens med Berlinkemisten Klaproth och det senare med den engelske kemisten Sir Humphrey Davy, som på ett mindre hedervärt sätt orättfärdigt tog åt sig äran. Det hade börjat blåsa friska vindar från Stockholm.

Anledningen till att Berzelius kom in på elektrokemin var att han i Uppsala sett en demonstration av det elektriska batteri som Volta just uppfunnit. Han byggde sig omedelbart en s.k. Voltastapel med 60 zinkbrickor varvade med lika många kopparslantar. Då han sedan för sitt uppehälle under en tid tjänstgjorde som brunnsläkare på Medevi passade han på att pröva den galvaniska strömmens fysiologiska effekt och inverkan på olika sjukdomar. Det terapeutiska värdet var diskutabelt, men det blev i alla fall en avhandling.

Han gav sig nu i kast med mer grundläggande problem i de experiment som förde till formuleringen av den livligt omdebatterade elektrokemiska teorin. Med den gav han en belysning av de sammanhållande krafterna i kemiska föreningar och det blev inledningen till den moderna elektrokemin. Bland de teser som han framförde finns det anledning att i det här sammanhanget nämna de som rör reaktionen mellan olika oxider. De har bl.a.tagits upp och vidareutvecklats inom den högtemperaturkemi som rör glas och keramik och därmed fått betydelse för experimentell bergartsforskning med konsekvenser för vulkanologin i vår tid.

Det var en våldsam forskningsiver som drev Berzelius att få veta mer om skeendena i naturen, och han drog sig inte för det djärva steget över till den besvärliga organiska kemin. I undersökningar av kroppsvätskor och vävnader sökte han komma livsprocesserna på spåren. För detta var han tvungen att utarbeta nya metoder och med dem visade han bl.a. den kemiska sammansättningen hos en rad livsviktiga organiska syror. Han klarlade också karaktären hos blodfärgämnet, hemoglobin, då han fann att det innehåller fast bundet järn och påvisade förekomsten av mjölksyra i muskler, en upptäckt som med tiden kom att spela en central roll för förståelsen av de mekanismer som ligger bakom muskelarbetet.

Tidvis tycks han ha längtat bort från de "slabbiga" biokemiska övningarna då han på sitt drastiska sätt säger sig ha skrivit sin sista snor-, gall- och urinavhandling. Så var ingalunda fallet. Han skulle några få årtionden senare återkomma till biokemin, bl.a. till mjölksyran, då han efter att ha påvisat dess optiska egenskaper skapade begreppet isomeri, innebärande att ämnen med lika kvantitativ sammansättning kan vara hopsatta på olika sätt och därigenom ha olika kemiska egenskaper. Det var också under senare år som han vid torrdestillation av organiska syror erhöll en "förbannad smet" och i det "vidbrända djävulstyget" upptäckte pyrodruvsyran, som visat sig ha en nyckelställning i cellernas energiomsättning.

En av de stora stridsfrågorna var om den organiska världen skiljer sig från den oorganiska genom att det skulle finnas en s.k. livskraft som självständig princip. Med kraft och i klarskrift tar Berzelius ställning mot de s.k. vitalisterna och hävdar att den kemiska grunden är gemensam; "den organiska naturen lyder inga andra lagar eller affiniteter än den oorganiska", skillnaden består i att de kemiska förloppen som styr företeelserna i den organiska världen är betydligt mer komplicerade. Till sin stora glädje fick han redan 1828 uppleva att en av hans många utländska lärjungar, Friedrich Wöhler, lyckades framställa en organisk substans ur oorganiskt material, med andra ord utanför den levande kroppen forma ett biologiskt ämne.

Profetisk är Berzelius beskrivning av den katalytiska kraften, som han säger består i "att kroppar genom sin blotta närvaro och icke genom sin frändskap förmå uppväcka frändskaper". Han förutsade därmed att livsreaktionerna drivs med hjälp av vad han kallade katalysatorer, eller som de nu benämns, enzymer. Vi vet nu att de kemiska reaktionerna bakom livsyttringarna startas och styrs av enzymer. Berzelius öppnade ögonen för helt oväntade biologiska mekanismer och därmed ett stort nytt forskningfält, enzymkemin, där de upptäckter som sedan gjordes trängde tillbaka den vitalistiska åskådningen. Han tyckte själv att han gav djurkemin en ny vändning, vilket sannerligen inte kan förnekas. Dessutom blev han tillsammans med sin franske kollega och blivande vän Gay-Lussac en av grundläggarna till den organiska analytiska kemin.

Men skulle verkligen kemisten kunna komma åt livets innersta grund? Berzelius uttrycker en ödmjuk tveksamhet då han talar om hjärnan. "Är det väl troligt, att människans förnuft som beräknat lagarna för avlägsna världars rörelser, som utforskar större delen av den sköna, konstigt uppbyggda natur, som omger henne, och som genom dessa framsteg närmat sig i smått idén om den Allsmäktiges väsende, skulle en dag utforska sig själv och sin egen inre natur? – Jag tror det icke."

Många har vi av ekonomiska skäl och för att kunna fortsätta experimentarbete varit tvungna att hålla allehanda föreläsningar för de mest olika församlingar – kanske mer förr än nu – men få har förmått att göra en dygd av nödvändigheten så som Berzelius. Då han skulle undervisa Krigshögskolans kadetter i allmän kemi fann han återigen luckor, osäkerheter och motsägelser. Detta gällde till och med sammansättningen av de enklaste ämnen och hur de kvantitativt förenar sig med varandra. Han fick uppslag, grep tillfället, och detta, sa han, "blev grund till riktningen av mina vetenskapliga bemödanden under större delen av mina verksammaste levnadsår, det är till mina arbeten över de kemiska proportionerna".

De djurkemiska undersökningarna var i stort sett avslutade och med "sina verksammaste levnadsår" menade han 10-årsperioden fram till 1818. Han gav sig nu in på frågan om materiens innersta natur och anslöt sig till Manchesterkemisten John Daltons nyligen framlagda atomteori, enligt vilken naturen är sammansatt av enkla grundämnen vars minsta enheter, atomer, har olika vikt, och så följde undersökningar som gav belägg för att dessa grundämnen förenar sig med varandra enligt bestämda talförhållanden.

I strävan efter ordning och reda och med sinne för enkelhet och

BERZELIUS VID 37 ÅRS ÅLDER
Akvarell av L. H. Roos af Hjelmsäter 1816. Privat ägo.

klarhet i uttrycksformen skapade Berzelius nu också det kemiska teckenspråket – ett nödvändigt instrument i arbetet. Många försök hade tidigare gjorts med användning av mer eller mindre långsökta krumelurer. Berzelius slog in på en ny väg när han gav varje grundämne en bokstavsbeteckning och lät siffror ange de mängder varmed de ingår i olika kemiska föreningar. Det berzelianska teckenspråket blev ett ovärderligt hjälpmedel och har med smärre ändringar stått sig genom tiderna; nu en självklarhet inom kemin.

Hans experiment bars upp av en konstfärdig teknisk skicklighet och man förvånar sig över noggrannheten i hans analys av bortåt 2000 kemiska föreningar, som ligger bakom bestämningen av atomvikterna hos 45 av de 49 då kända grundämnena. De gjordes dessutom med

BERZELIUS VID 47 ÅRS ÅLDER
Oljemålning av J. Way 1826. Kungl. Vetenskapsakademien.

mycket enkla hjälpmedel, ofta med apparater som han själv tillverkat. Dessutom framställde han själv många av de kemikalier som han använde som reagensmedel: "Det kaustika alkalit från Frankrike är förträffligt till byk, men ej till kemiska försök."

Nu hade kemin blivit tillgänglig för en siffermässig behandling och Berzelius lyfte den från en beskrivande till en beräknande vetenskap. Dessutom blev kemins språk internationellt.

Berzelius hade gjort dessa sina mest glänsande insatser under 1800-talets två första decennier. De väckte debatt i den lärda världen och nu kom en period då han måste befästa vad han byggt upp. Han hade tagit itu med de angelägna spörsmålen gällande liv och materia. Och i de frågorna rådde det skarpa motsättningar och konflikter mellan olika skolor och filosofiska uppfattningar. Som väntat mötte han både motstånd och kritik, men stridbar som han var, försvarade han sina positioner i enkel och klar stil, förlitade sig på egna experimentella iakttagelser och erkände förekommande osäkerheter. "Jag tycker mera om att säga: Detta är oss alldeles obekant, än att med en samling av sannolikheter söka överhölja en lucka i våra kunskaper."

Berzelius kände på ett märkvärdigt naturligt sätt sitt eget värde och framträdde med ett avundsvärt självförtroende. Stark självkänsla blir ibland ömtålig fast den egentligen inte behöver vara det, skrev Karl Ragnar Gierow i sin lysande minnesteckning över en av Berzelius samtida, den ävenledes internationellt ryktbare filosofen Benjamin Höijer, vars radikala Junta Berzelius stått när under Uppsalatiden. Båda hade i ungdomen haft förödmjukande motgångar och gjort bittra erfarenheter, men i motsats till Höijers ömtålighet som tog sig uttryck i en attityd av överlägsen sarkasm och utmanande otillgänglighet, fick Berzelius öppna, trygga självförtroende ett drag av oemotståndlig monumentalitet. Härtill bidrog att han var kemiskt ren från fåfänga. Han hade en naturlig pondus, och att han inte brydde sig om att "skapa sig" har på ett finurligt sätt omvittnats av en annan av tidens kulturpersonligheter, Lundabiskopen Johan Henrik Thomander: "Berzelius tycker jag om, såsom en frimodig man, utan fjäsk och tillgjordhet. I saker, som han icke förstår, hugger han tappert till med ett slappt omdöme."

Men självsäkerheten i de "saker" som han förstod kunde ha olyckliga följder, och en av hans svagheter var obenägenheten att ändra ståndpunkt. Så var det bland annat då han, till skada för sig själv, gentemot Davy – och så småningom de flesta kemister – envist vägrade erkänna klor som ett enkelt grundämne. Slutligen gick det under grymtningar, och till sitt laboratoriebiträde och faktotum Anna muttrade han: "Du får inte längre säga syrsatt saltsyra. Du skall säga klor, det är bättre."

Sitt stora internationella inflytande övade han genom ett överväldigande författarskap bl.a. i Vetenskapsakademiens årsredogörelser och den berömda läroboken som i flera upplagor på olika språk blev tongivande. Att få ett omnämnande i årsredogörelserna, där Berzelius berättade om nyheterna inom naturvetenskaperna, kunde betyda mycket för en forskares rykte. Till honom vände man sig för utlåtanden och omdömen och han spelade inte heller ogärna rollen som högre försyn vid utnämningar och tjänstetillsättningar. Han gjorde sig känd som en naturvetenskapernas väktare och domare, både hemma och på den internationella arenan, och hans korrespondens vimlar av temperamentsfulla omdömen. Där finns både ros och ris, han går löst på irrläror och tillrättavisar de fåkunniga. Kollegan Dumas i Frankrike, som han med rätta ansåg vara fåfäng och intrigant, läxade han upp i ett brev, så att, när det på hans anmaning lästes upp i Franska akademien, Dumas blev så rasande att Thenard, som var president, måste kalla honom till ordningen och erinra om ställets helgd.

Både i ord och handling var Berzelius den rena grundforskningens förkämpe och hävdade att om vetenskaperna endast bedrivs "med avseende på tillämpning så skulle de snart bliva stationära och föga eller intet nytt mera vinnas". Och så kommer tillägget att "den som vid vetenskaplig forskning frågar Vad till båtar den? – har intet sinne för vetenskap". En deklaration som inte nog ofta kan upprepas, ännu i dagens läge.

Men då han i olika kompanjonskap gav sig in på tillämpningar och industriell utveckling gick det mestadels snett. Han saknade över huvud taget sinne för de ekonomiska spörsmålen här i livet och det gav honom dystra erfarenheter i misslyckade företag. Då hade han till hands "det medfödda anlaget att tänka: Det blir väl någon råd, som visserligen ofta är rätt lyckligt men också ej sällan inleder till lättsinniga vågspel". Vilket var just vad det gjorde.

Därtill kom oförvållade olyckshändelser. En sådan var branden av Gripsholmsfabriken för framställning av kemikalier, en rörelse som han bedrev i kompanjonskap med vännen Palmstedt i hopp om att den skulle ge utdelning. Det blev i stället en förlust, men ett glädjeämne hade verksamheten fört med sig. I en av avfallsprodukterna hade den påpasslige Berzelius upptäckt ett nytt grundämne som han döpte till selen och som i vår tid har en vidsträckt användning inom elektrotekniken. Nu senast har selen dessutom låtit mycket tala om sig i miljösammanhang; i stora doser är det giftigt men hör samtidigt till de ämnen som i små mängder är livsnödvändiga.

I tidens idédiskussion anknöt Berzelius närmast till 1700-talets radikala upplysningsfilosofi och reste borst mot den romantiska naturfilosofin. Han ger varningar till forskarna som äger giltighet ännu idag. "Vetenskapsakademien", säger han och talar i hennes namn, "har ej utan farhåga sett den böjelse till abstrakt spekulation som begynt spridas bland nationens uppväxande generation, varigenom brist på verklig kunskap förr eller senare måste bliva följd", och i den mördande kritiken av vännen Agardhs romantiska spekulationer talar Berzelius om den stil i vetenskapen "vilken beror på klarhet och bestämdhet i begreppen. Ingen vetenskaplig skrift blir någonsin fullgod utan att man bemödar sig

År 1829 flyttade Vetenskapsakademien från sina tidigare lokaler vid Stora Nygatan (numera nr 30) till den nya byggnaden vid Drottninggatan. För Berzelius innebar det ett styvt arbete under hans första 10-årsperiod som sekreterare. Akademien stannade i dessa lokaler till år 1912 då den flyttade ut till sin nuvarande byggnad i Frescati. På litografin, som är gjord efter en teckning av Ferdinand Tollin omkring 1840, ser man Berzelius ta emot Carl XIV Johan.

att instudera denna stil. – Sanning min vän är vetenskapens själ. Hon tål icke ens snillets drömmar.'' I hela sitt liv förde han en kampanj för höjd vetenskaplig nivå, mot lärdomsskryt och dilettantism.

Så ock i Vetenskapsakademien. Ett uttryck för det bedrövliga tillståndet i denna församling vid sekelskiftet var den attityd som den unge Berzelius mötte, då han som 23-åring lämnade sitt förstlingsarbete för tryckning i akademiens handlingar. Akademien lät helt sonika inte höra av sig, och när Berzelius efter tre år frågade efter manuskriptets öde, fick han det tillbaka från sekreteraren med svaret att de kemiska beteckningarna som han använt inte gillades. Fyra år senare sände han åter in ett arbete. Akademien förblev lika stum, och när sekreteraren på förfrågan svarade att skriften inte passade för akademiens Handlingar, ilsknade Berzelius till och beslöt att ''icke mer meddela akademien något arbete''. Händelserna var inte särskilt hedrande för akademien. 1808 blev han ledamot och förskräcktes över den rådande försoffningen. När han

SJÄLVPORTRÄTT
Då drottning Desirée kröntes den 21 augusti 1829 utnämndes Berzelius till kommendör med stora korset av Vasaorden. Hans vän Hans Gabriel Trolle-Wachtmeister på Årup skrev och gratulerade, och i ett brev den 29 september 1829 besvarade Berzelius hans skål i "champagnevin".

så 1818 valdes till ständig sekreterare fick akademien vad den innerligen behövde. Berzelius satte fart på den lärda församlingen, som han patriarkaliskt styrde och ställde med och där förekommande opposition ofta upptogs onådigt av den myndige sekreteraren. Men man stod tacksamt ut med honom i nära trettio år. Hans djupa personliga engagemang, hans reformer och hans öppna blick för olika situationers praktiska krav skapade en beredskap inför alla de akademiens olika uppgifter, som vi än idag anser väsentliga för att hävda naturvetenskapernas ställning. Han blev akademiens store reformator.

Så slår koleran plötsligt till 1834. Det började i Göteborg. Som en våg sveper farsoten över landet och den 26 augusti förklaras Stockholm kolerasmittat. Läkarna är få, sjukvården bristfällig, apoteken belägras och inte heller har de mycket att ge. Berzelius blir ovanpå alla andra åtaganden ordförande i Sundhetsnämnden i Adolf Fredriks församling. För laboratoriearbete blir ingen tid över, nu gäller det sjukhuskommissioner, sundhetspolis, rökningar och begravningsplatser. Berzelius ägnar sig fullt ut åt kampen mot smittospridningen, men måste också utkämpa en vetenskaplig batalj om kolerans orsaker med den omöjlige Uppsalamedicinaren Israel Wasser med sina naturfilosofiska svärmerier, spekulationer och hänvisningar till astrologiska fenomen. Närstående och vänner dör med kort varsel och i oktober börjar sjukdomen försvinna. Berzelius föll ihop efter ansträngningarna men undgick smitta.

Det gjorde också den 25-åriga Betty Poppius, dotter till Berzelius gode vän statsrådet G. Poppius. Med henne förlovade sig Berzelius efter många överväganden och på tillrådan av sina vänner, främst Hans Gabriel Trolle-Wachtmeister på Årup, som han ofta vände sig till i personliga frågor. Strax före jul 1835 kom den 56-årige brudgummens kommentarer inför "allt vad ritualen av ett Stockholmsbröllop har långtrådigt och ledsamt och detta måste jag naturligtvis tacksamt underkasta mig". "Du måste", skriver han till sin vän Palmstedt, "nödvändigt dricka en skål för mig den nittonde för gott, men också någorlunda ihärdigt stånd, varmed det kan vara något gnistigt, sedan jag så länge varit ställd på reduktion. Från min förlovningsdag ställde jag mig på obrottslig trohet. Men det var fan till prov. Jag blev ibland såsom en obändig tjur, ända till dess att någon vänlig pollution gjorde temporärt slut därpå. De senare två månaderna har jag varit spak som ett lamm." Wallin förrättade vigselakten, Svenska akademiens ständige sekreterare von Beskow hyllade med ett

Berzelius hustru Betty, född Poppius (1811–1884).

bröllopskväde, Carl XIV Johan gratulerade med friherreskap, bruden ställdes ut och bröllopet varade i två dar. Berzelius, som kände sig lite tungsint och orolig inför äktenskapets sociala åtaganden, började så småningom befinna sig väl i den äktenskapliga hamnen. Så mycket mer som han tyckte att hans unga hustru hade "ett ypperligt förstånd, vida överträffande vad kvinnor i allmänhet äga".

Beskow lät snart höra av sig igen, och nu var det för att ta reda på Berzelius inställning till ett eventuellt inval i Svenska akademien, där denna fråga varit på tal. Berzelius, "drypande av svett efter allt pratet", kände sig som om han hade "löss i skjortan", undrade över anledningen och slog ifrån sig, eftersom han ansåg sig sakna förmåga av vittert författarskap. Påtryckningen tilltog och i ett vältaligt brev skrev hans vän Esaias Tegnér: "Det är icke vanligt, att fruntimmer fria; men om Svenska akademien genom mig som böneman anmälde sig hos Dig, säg mig ärligt, skulle Du ha hjärta att ge henne korgen?" Många i hans omgivning och bland dem Betty framhöll att det vore olämpligt att avböja utmärkelsen och till sist medgav han att han "likt en ung, i brudstolen rodnande flicka svarat ja!" och tillägger med en suck "Gud hjälpe mig nu då. Jag får trösta mig som flickorna, att det blir väl bra efter bröllopet." Inför inträdestalet som han skulle hålla över föregångaren på stol nummer fem, ärkebiskopen von Rosenstein, klagar han över att han visserligen har skäligen lätt för att skriva, när han har något att skriva om, men "fan så svårt att koka en dräglig soppa på en spik". I november blev han sjuk, humöret sjönk och, säger han, "jag tänker ändå alltid med pigan: Vad hade jag i drängstun att göra". Men talet blev färdigt och han lät innan framträdandet både Järta, Geijer och Beskow ta del av opuset och de gav enligt Berzelius utlåtandet att "jag skrivit min kria i den stil, som anstår mig, och med detta bifall är jag nöjd". Svenska akademien hedrade honom för den klara stilen och det enkla och osökta behaget i framställningen av de naturvetenskapliga ämnena.

Ekonomiska spörsmål hade han som sagt inte sinne för och politiken roade honom inte alls. Han var närmast konservativ och som nybliven adelsman var han ståndsledamot men deltog sällan i riddarhusarbetet: "En galen (Schwerin), en illvillig (Anckarsvärd) och en lymmel (Boye) upptaga den mesta tiden, Cederschiöld biter ihop tänderna och pekar, och Hammarsköld hackar surkål. De övriga förståndiga tiga mest." Politikens språkliga åthävor var ingenting för Berzelius, vars motto var sanning och klarhet.

Men hans klokskap och organisatoriska handlag togs i anspråk för en rad ansvarsfulla uppdrag. Som ledamot i den stora undervisningskommissionen slåss han med liv och lust för naturvetenskapernas upprustning och Karolinska Institutets ställning som högskola. "Det ligger en konst i att lirka sig fram, där det ej kan eller bör ske genom brytning", skrev han till vännen Palmstedt. Själv hade han ibland svårt att leva efter den maximen. Han gick för långt då han ville att den medicinska fakulteten i Uppsala skulle läggas ner och att all läkarutbildning skulle för-

Berzelius i kretsen av Johan Olof Wallin, Frans Michael Franzén, Erik Gustaf Geijer och Esaias Tegnér. Oljemålning av J. G. Sandberg 1843. Gripsholms slott.

läggas till Karolinska Institutet. När undervisningskommissionen, där ''Järta bleknar, Wingård rodnar, Geijer svettas och Wallin pustar'', krånglade på den långa vägen till definitiva beslut gav han ''kommitténs överläggningar fan''.

Men Berzelius banade vägen för en breddning av undervisningen i naturvetenskap och för Karolinska Institutets ställning som självständig högskola. Hans hållning blev för institutet ett ledande exempel och han skapade en forskningstradition med verkan in i våra dagar.

Berzelius brydde sig om sin omgivning. Förutom att i kretsen av en stor skara lärjungar laborera och strö sin visdom, delta som grundare av vetenskapliga sällskap, reformera akademier och institutioner och företa ett otal sällskapsresor, hade han i hemmet sin egen ''måndagsklubb'' för de närmaste vännerna. Han var road av människor, ibland också av dem som retade hans oppositionslust.

Hans medmänskliga engagemang resulterade i en minst sagt brokig

BERZELIUS VID 66 ÅRS ÅLDER
Dagerrotyp tagen av fru Laura Mitscherlich 1845.
Berzeliusmuseet, Kungl. Vetenskapsakademien.

samling sysselsättningar. Den stökiga kemin blev vetenskapen på modet och som lärare till kronprins Oscar demonstrerade han de senaste märkvärdigheterna för honom och hans krets, där han för övrigt spred en robust trivsel. Han var kalmerande rådgivare åt sin otålige vän Palmstedt vid uppbyggnaden av Chalmers Tekniska Högskola, han deltog i nykterhetsrörelsen, han återställde Cartesius skalle till Frankrike, sedan den under 154 år varit på villovägar och sedermera visade sig vara ett av flera alternativ, han var med i salpeterkommittén för att gynna kruttillverkning, han utsågs med varierande framgång att verkställa eller övervara obduktioner efter olika kungliga personer, han engagerade sig till och med i kritisk granskning av en balsameringsteknik, lanserad av en fransman som han ansåg vara storskojare, och han ställde upp i det berömda Crusenstolpeska tryckfrihetsmålet med tråkiga konsekvenser för honom själv. Därmed är listan inte slut, för han hade svårt att säga nej. Den enda gång tycks ha varit när han anmodades bli chef för Bergskollegium. Det fanns gränser.

Det blev inte så mycken tid över för experimenterandet, ''lortkokeriet'' gick trögt och han tyckte att vetenskapen inte hade så mycket mer att vinna av honom. ''Jag går likväl icke och slår dank, ty i samma mån som jag fått mindre att göra i mitt laboratorium har jag fått mera ämbetsmannagöromål, som nu roar mig mer än förr, då jag alltid hatade dem för den tid de rövade från laboratoriet.''

Föreställningen om den gamle Berzelius som det vresiga, tjuraktigt egensinniga snillet med magnifika later var inte ovanlig i de vetenskapliga kretsarna. Den motsägs inte av den välkända dagerrotypin från 1845 och inte heller av de magistrala toner han tar till, då han möter dumhet eller vad han anser vara humbug, slarv eller moraliskt lättsinne inom vetenskapen. ''Den karlen är en charlatan i ordets egentliga bemärkelse. Han är full av gemena insinuationer och är således icke blott en teoretisk narr utan tillika en slyngel.'' Detta utbrott mot en fransk kollega är lika välkänt som den långa tvisten – för att inte säga det invektivrika grälet – med den tyske kemisten Liebig inom äggvitekemin, där Berzelius för övrigt hade infört begreppet protein.

Under 1840-talet håller sig Berzelius mera hemma hos sin hustru i Vetenskapsakademiens hus vid Drottninggatan, där sekreteraren hade sin bostad. En äldre man, menar han, kan inte ''lugnt njuta av livet utan vid en hustrus sida, där inkomsterna medgiva det dyrare hushållet''. Lönen var inte så stor och han är lycklig över att hustrun klarar hushållskassan. Om äktenskapet säger han sig tidigare endast haft ''idealiserade förhoppningar, av vilka inga realiserat sig. – Men den verklighet jag funnit i deras ställe är mig vida dyrbarare och kärare, än alla fantasibilderna. En förtrogen vän i hustrun är en mans högsta goda i världen.'' Betty hade haft missfall och läkarvännen Retzius rekommenderade saltsjöbad på Särö ''för att kunna göra det bättre en annan gång'', men äktenskapet förblev barnlöst.

Vad Betty tyckte vet vi inte mycket om men att hon vördade sin make och hans minne fick jag som sentida akademisekreterare ett lika älskvärt som ovanligt bevis på. En ättling till det barn som av friherrinnan Berzelius i faddergåva fick den aspedist som maken en gång planterat, uppvaktade mig för några år sedan på akademien med detta fast rotade, robusta, 130-åriga blomster, tillsammans med fikusen symbol för en svunnen borgerlig kulturepok.

Berzelius ger också en stor del av sin tid åt sällskaplig samvaro, både i hemmet och på olika håll i landet hos goda vänner – och de var många. Han beger sig då och då ut på resor i Europa, inte bara för att besöka kolleger utan också för att sköta sin hälsa på olika badorter.

Det är inte roligt att bli gammal och än mindre om ålderdomen är förenad med krämpor. Berzelius kan både grymta och ryta i anfall av dåligt humör, men han är egentligen inte den som klagar. Han hade på gamla dar blivit en sevärdhet och att han besväras av alla som kommer för att "gapa på honom" är förståeligt. Likaså att han kvider över de ideliga uppvaktningar och dignande festmåltider som anordnas till hans ära, för de plågar honom fysiskt. Det hade sina särskilda orsaker. Han hade hela livet igenom en avundsvärd förmåga till koncentration. Den enda verkligt besvärande störningen var regelbundet återkommande anfall av huvudvärk, illamående och vad han själv kallar reumatiska smärtor. Det gjorde honom tidigare helt oförmögen att arbeta under en eller några dagar, men med åldern blev dessa perioder både tätare och längre och besvären allvarligare. På så sätt blev de sista 10 åren fyllda av prövningar. Olägenheter från både hjärta och nervsystem medverkade säkert till de vresiga utbrotten. Därtill kom återigen ekonomiska bekymmer sedan den hjälpsamme Berzelius lojalt hjälpt sin svärfar och sina svågrar med stora lån, och fordringarna gick upp i rök vid en följande konkurs.

I själva verket är det förvånande att han med ett så pass gott humör, trots motigheter och bedrövelser, förmår knoga vidare med de omfångsrika årsrapporterna och femte bandet av sin stora lärobok, samtidigt som han sköter korrespondensen både med sina gamla vänner och nya adepter. "Käraste Planta! . . . Vad heter hon, hennes ålder, hennes familjeomständigheter, med flera förhållanden?" heter det i ett brev med "glödande lyckönskningar" till den unge medarbetaren Plantamour inför dennes bröllop. Berzelius var då, någon månad före sin bortgång, rullstolsbunden på grund av benförlamning.

Det intryck som Berzelius gjort på samtiden hade resulterat i alla de ärebetygelser, bl.a. ett ymnigt ordensregn och inval i ett hundratal vetenskapliga akademier och liknande samfund i olika hörn av världen. Visserligen skämtar han om utmärkelserna men är i stort sett nöjd med dem. Det verkar som om Berzelius egentligen inte hade behov av berömmelse, och när den kom tog han med märkvärdig anspråkslöshet emot den som något självklart. Bakom den vresiga fasaden fanns ödmjukheten inför livets oberäkneligheter: "Man är icke själv sin lyckas smed, ehuru ett ordspråk så säger. Skickelsen tillintetgör ofta den tänkandes och klokes, så långt för människan är, välgrundade beräkningar och strör täta motgångar i hans väg, under det att allt går väl i hand för mången mindre i förhand tänkande, och till äventyrs har jag hört till de senares klass." Helt visst hade han aldrig drömt om att hans namn skulle få en plats på månen och när det hände skämtar han om att han blivit possessionat; men egendomen tyckte han sig ha lika lite nöje av som ett slott i Spanien.

I juni 1847 hade ett stort naturforskarmöte hållits i Köpenhamn, där Berzelius hyllades som den främste inom naturvetenskaperna. Någon tid därefter insjuknade han och den 7 augusti 1848 gick han ur tiden. En epok var avslutad och en samtida naturforskare säger: "Han var säkerligen den främste av alla kemister som någonsin levat. Liksom alla verkligt stora forskare var han fri från småaktig fåfänga och avund. Lika utmärkt genom sin kunskaps rikedom som genom sitt omdömes oväld, lät han andras arbeten vederfaras erkännanden efter förtjänst, så att hela den kemiska världen villigt underkastade sig hans domslut."

Då Berzelius 1843 i 25 år varit Vetenskapsakademiens sekreterare fick en av den tidens mest anlitade porträttmålare, O. J. Södermark, i uppdrag att måla hans porträtt. Medlen hade tillkommit genom insamling bland akademiledamöterna och då porträttet överlämnades uttryckte donatorerna sin önskan att det "såsom en oavytterlig akademiens tillhörighet måtte i alla tider äga en plats i akademiens sammankomstsal att för senaste efterkommande vittna om den högaktning och erkänsla Friherre Berzelii samtida inom Kongl. Vetenskapsakademien ägnade åt hans förtjänster". Det är ett av de mest kända porträtten av Berzelius och hänger – enligt önskemålet – på hedersplats i akademiens sessionssal.

VARFÖR FRANKRIKE?

Berzelius fick tidigt vänner bland de franska forskarna. Redan 1804, då han tillsammans med Hisinger fann cerium, blev upptäckten bekantgjord i Europa genom engelska, tyska och franska tidskrifter. I Frankrike skedde förmedlingen genom Vauquelin, kromets upptäckare. Med honom brevväxlade Berzelius sålunda redan under seklets början, liksom med kemikollegan Claude Louis Berthollet vid École Polytechnique i Paris. Denna inflytelserike herre, greve och senator, blev med tiden en av Berzelius bästa vänner.

Det är inte förvånande att Berzelius i strid för klarhet och stringens i den vetenskapliga debatten kom att känna sig befryndad med den franska kulturkretsen och dras till den franska forskarmiljön. Under sin Uppsalatid hade han – visserligen i en tämligen skral lärobokstappning – tagit del av den store Lavoisiers nya förbränningslära, som – med syret i centrum – gav en ny grund för kunskapen om de kemiska skeendena och livsprocesserna. Honom fick Berzelius aldrig träffa, då som bekant denne vetenskaplige revolutionärs huvud föll för giljotinen under skräckväldet 1794. Men den franska naturvetenskapliga forskningen var i stark tillväxt och slog obevekligen ut i blom. Förväntansfullt såg Berzelius fram emot en Parisresa för att lära känna de ledande männen inom fysik, kemi och biologi. Men de oroliga förhållandena i Europa kom i vägen.

EN RESA MED FÖRHINDER

Det var en tid med förändrade tänkesätt och politiska jordskred, inte minst i Sverige. Berzelius kom till världen sju år efter Gustav III:s statskupp. Han började i Linköpings gymnasium samma år som svenska kungen sköts på Stockholmsoperan och Frankrike utropades till republik. Han upplevde Reuterholmsväldet och i sina försök att verka för spridandet av vetenskapliga nyheter fick han känna av hur tryckfriheten kringskars. Inom sin forskning hade Berzelius påbörjat arbetena rörande de bestämda proportionerna och det kemiska teckenspråket vid tiden för det olyckliga ryska kriget, som förde till förlusten av Finland, 1809 års revolution och Gustav IV Adolfs avsättning. Vid den åtföljande riksdagen fördubblades professorslönerna, konstaterar Berzelius med en lättnadens suck. Men i övrigt ger han inga kommentarer till alla dessa politiska förvecklingar. Han gick helt upp i arbetet på laboratoriet.

Sveriges deltagande i koalitionen mot Napoleon under Gustav IV Adolfs sakligt riktiga, men illa genomförda politik medförde att Berzelius förbindelser med brevvännerna i Paris bröts. Så snart krigstillståndet 1809 upphört var korrespondensen i gång igen och i Paris gjorde hans brevvän Berthollet, understödd av sina franska kolleger, ivriga föranstaltningar för hans besök. Han inbjöd Berzelius att bo i sin villa i Arceuil utanför Paris. Där samlades en rad berömdheter i det lärda sällskap, Société d'Arceuil, som Berthollet grundat tillsammans med matematikern och astronomen Laplace, "Frankrikes Newton". Berthollet, som hade många försänkningar i den nya franska societeten, verkade för Berzelius Parisresa genom att tala med marskalk Bernadotte, som just skulle resa till Sverige i sin nya egenskap av svensk kronprins.

Det dröjde inte länge förrän en svängning i det politiska klimatet åter lade hinder i vägen. Våren 1812 hade Berzelius sånär packat sin kappsäck, då kronprins Carl Johan, som nu kommit till Sverige, varnade honom för att resa. 1812–13 års politik innebar ju att Sverige anslöt sig till befrielsekampen mot Napoleonväldet. Då nu i stället vårt förhållande till England förbättrades, förvandlades Berzelius franska visit till en Englandsresa. Men över Engelska kanalen kom han inte.

Så snart förhållandena i Frankrike, efter Napoleons fall 1815, började stadga sig förnyade den outtröttlige Berthollet sin inbjudan. Men inte förrän 1818 blev Berzelius Frankrikeresa av. Franska vetenskapsakademien hade då valt honom som ledamot.

Berzelius stod nu på höjdpunkten av sin vetenskapliga bana. Han hade på förbluffande kort tid berikat vår kunskap om livsfenomenens natur, bestämt atomvikterna för de flesta av de då kända grundämnena, presenterat sin elektrokemiska teori för förståelsen av kemiska föreningars natur, lanserat det kemiska teckenspråket och slutligen – som jag ska återkomma till – lagt grunden till vetenskapen om bergarternas kemi. Den intensiva arbetsperioden utan avbrott hade gjort att han råkat i ett tillstånd av trötthet, leda och allehanda kroppsliga besvär. Läkarvännerna rekommenderade avkoppling och vila och vad kunde vara lämpligare än en resa söderut?

Resan ner till Frankrike gjorde Berzelius i sällskap med greve Gustaf Löwenhielm, som just blivit svensk minister i Paris. Det var en gammal bekantskap. Löwenhielm hade i Stockholm konsulterat Berzelius som läkare och sedermera understött honom i hans ansökan om det statliga bidraget för Parisresan. De båda vännerna tog nu vägen över England där Berzelius återsåg många av sina brittiska forskarvänner, men också såg "det ledsamma fysiologiska skådespelet av tvenne missdådares avrättning genom hängning".

Så kom då resenärerna i augusti äntligen till Paris där Berzelius som

GUSTAF CARL FREDRIK LÖWENHIELM (1771–1856)
Denne Berzelius gode vän deltog i krigen mot Napoleon och blev generalmajor. Under åren 1812–1818 var han chef för de kungliga teatrarna och blev därefter svensk minister i Paris. Oljemålning av O. J. Södermark.

uppskattad gäst bodde hos Löwenhielm och av sina franska kolleger mottogs med öppna armar.

VÄNNERNA I PARIS

När allt kommer omkring är vetenskapen en av de få verksamheter som i verklig mening är en internationell angelägenhet. Som sådan spelar den en omistlig roll som länk olika länder emellan. Ett land och ett folk lär man sig ju som bekant inte känna enbart genom böcker eller flyktiga turistbesök. Den djupare kunskapen kommer först genom samarbete, andligt utbyte och vänskap. Det var så som Berzelius lärde känna Frankrike, fransmännen och franskt vetenskapligt tänkande.

För honom var det ett efterlängtat äventyr att, från det karga naturvetenskapliga klimatet i Sverige, plötsligt komma in i kretsen av den tidens mest lysande forskare, representanter för en naturvetenskapernas jubel- och klangperiod i Frankrike. Det var en osedvanlig anhopning nyskapare som i olika åldrar klarat sig igenom revolutionens, konsulatets och kejsardömets olika besynnerligheter. De revolutionära idealen hade befordrat inrättandet av vetenskapliga institutioner, kriget var över, och Napoleon förpassad till St. Helena, medan effekterna av hans gynnsamma inställning till naturvetenskaperna fortfarande gjorde sig gällande. Själv hade han studerat vid École Militaire inom olika delar av matematiken och med Laplace som examinator. Hans intresse och åtgärder bottnade både i kunskap, internationellt prestigetänkande och insikt om forskningens betydelse för uppbyggnaden av en oberoende fransk industri. Han omgav sig med rådgivare från de vetenskapliga kretsarna; Laplace och kemisten Chaptal tjänstgjorde som ministrar, och centralfiguren inom den industriella uppbyggnaden, Berthollet, var senator. Det var väl närmast Berthollet som Stendhal syftade på, när han skrev att varje apotekarlärling drömde om att göra en stor upptäckt för att få hederslegionen och bli greve.

Denna guldålder i efterkrigstidens Frankrike gällde såväl matematik, astronomi, fysik och kemi som mineralogi, biologi och medicin. Där fanns Fourier, Laplace, Ampère, Gay-Lussac, Dulong, Haüy, Cuvier och Magendie, för att nämna några.

Berzelius bidrag berör främst kemin, biologin och mineralogin men också fysiken och medicinen. Han kunde sålunda som fullt jämbördig träda in i dessa kretsar antingen det skedde på laboratorierna, i Franska vetenskapsakademien eller i det illustra sällskapet Société d'Arceuil där, som jag redan nämnt, Berthollet var primus motor.

"Gubben och gumman Berthollet äro de älskvärdaste människor man kan lära känna och det fägnar mig att kunna säga att man omöjligen på livets höst kan leva ett lyckligare liv än de", utbrister Berzelius om sitt värdfolk i Arceuil där han vistades i sju veckor. På dagarna laborerar han, men proppar också duktigt i sig av gumman Berthollets goda anrätt-

Claude Louis Berthollet (1748–1822).

Pierre Louis Dulong (1785–1838).

ningar. På kvällarna idkas högläsning till något så oskyldigt som ett glas ''eau sucret'', och så kommer den enkom för Berzelius städslade lakejen för att ledsaga honom till sovrummet där han intill midnatt arbetar med översättningen till franska av sin stora lärobok.

Den 71-årige ''gubben Berthollet'' hade varit general Bonapartes vän och som vetenskaplig rådgivare varit med om äventyret i Egypten, där han grundade en vetenskapsakademi enligt franskt mönster. Société d'Arceuil hade kommit till med ekonomiska bidrag från Napoleon som i gengäld hade fått goda råd för uppbyggnaden av den kemiska industrin. Berthollet var expert på textilfärgning och många av hans fynd kom till användning inom industrin. Men han struntade i att bevaka sina ekonomiska intressen. Pengar hade för honom bara värde i den mån de kunde tillfredsställa hans kärlek till vetenskapen. Hans nobla generositet sades vara lika välkänd som hans brist på intresse för pengar, och härvidlag var han Berzelius själsfrände.

Ute i Arceuil samarbetade Berzelius med tillbakadragne Pierre Louis Dulong som han lärde känna som ''en mer än vanligt djupsinnig naturforskare''. Med beundran talar han i brev hem om betydelsen av den lag som Dulong och Petit just hade formulerat gällande förhållandet mellan fasta kroppars specifika värme och deras atomvikter.

Den godhjärtade Dulong var från början medicinare och hade ruinerat sig på sin praktik i Paris fattigkvarter eftersom han sällan tog

Michel Eugène Chevreul (1786–1889).

Joseph Louis Gay-Lussac (1778–1850).

betalt och till och med själv stod för sina patienters medicin. Via botaniken gick vägen sedan till kemi och fysik i Arceuil. Han hade i motsats till en del av sina kolleger undgått krigets hasardspel med död och lemlästningar, men i stället vid sina försök med det explosiva ämnet kvävetriklorid förlorat två fingrar på höger hand och synen på ena ögat. Trots sjuklighet och tyngande undervisning arbetade Dulong oförtröttligt i laboratoriet och gjorde en rad viktiga upptäckter bl.a. av nya klor- och fosforföreningar. Han var en hängiven och till ytterlighet blygsam forskare, som alltid talade väl om andras arbeten men med största reservation om sina egna. En fransk kollega konstaterar häpet att Dulong under sin 30-åriga forskarverksamhet aldrig angripits eller kritiserats.

Yttrandet säger en hel del om den som fällde det. Det var den festlige Michel Eugène Chevreul, mångfrestare och med tiden 103-årig Methusalem, vars staty befinner sig på evighetspromenad nerför grässlänten mot administrationsbyggnaden i Jardin des Plantes. Han var född på Ludvig XVI:s tid och lyckades utan men överleva fyra revolutioner, gjorde som 87-årig nationalgardist vakttjänst på Paris barrikader under fransk-tyska kriget 1870–71 och hyllades som 100-åring av tvåtusen uppvaktande och i 53 tal. Därtill en ljusfest i Paris, varvid stearinet, som han själv varit med om att framställa, kom till en massiv användning.

Chevreul påvisade fetternas sammansättning och han framställde kolesterol, som sedermera visats vara modersubstans till en rad biologiskt livsviktiga ämnen. Så kom han in på färgämneskemin och blev direktör för gobelängverkens färglaboratorier. Arbetet med olikfärgade garner, för att ge gobelängerna den rätta lyskraften förde honom i sin tur in på synfysiologin, och i sin färglära presenterade han iakttagelser rörande färgkontrastfenomen. Hans idéer anammades i den nya målargenerationen av Paul Signac och Georges Seurat som utvecklade pointilismen med anknytning till Chevreuls teser.

Alla sina rön anmälde Chevreul oförtröttligen i Franska vetenskapsakademien och när en ledamot ilsket frågade vilka betingelserna var för att tryckta meddelanden i akademitidskriften skulle få överskrida fastställt sidantal – vilket Chevreul alltid gjorde – svarade akademisekreteraren kort: Betingelserna är enkla, författaren måste vara över 100 år. Då denne Berzelius vän dog 1889 hade en ny tid inom naturvetenskaperna randats – Einstein som nobelprisbelönades 1922 gick då som 10-åring i skolan i München.

Att råka i delo med Berzelius då han visste att han hade rätt var inte nådigt. Det var många som fick den läxan oberoende av nationalitet och ställning i den vetenskapliga världen. Den erfarenheten hade Gay-Lussac gjort några år före deras möte i Paris, då han i skrift påstått att Berzelius hade fel beträffande vissa metalloxiders egenskaper. Sedan Berzelius gjort om sina försök och funnit att resultaten stod sig, klämde han till i ett brev där han på sitt oefterhärmligt ironiska och en aning mästrande sätt tillbakavisade Gay-Lussacs anmärkningar. Resultatet blev ett artigt urskuldande brev från den franske auktoriteten, där han uttryckte sin stora beundran för den svenske kollegan.

Saken var sålunda utagerad då Berzelius kom till Paris där Joseph Louis Gay-Lussac hörde till kretsen omkring Berthollet. Inför den stora allmänheten var han en populär figur tack vare de ballonguppstigningar som han 1804 hade gjort tillsammans med kollegan Biot, de första som gjorts i rent vetenskapligt syfte. Man nådde den aktningsvärda höjden av 7016 meter och mätte jordmagnetismens styrka på olika höjd, studerade lufttrycket och luftsammansättningen och registrerade inverkan av luftförtunningen på puls och andning. Det var början till vår tids flygmedicin. Liksom Berzelius hör Gay-Lussac till dem som med sina kvantitativa undersökningar av organiska ämnens sammansättning banade vägen för den organiska kemin, och inom fysiken hade Gay-Lussac vunnit berömmelse med sina gaslagar. I anslutning till Daltons just lanserade atomteori gav både Berzelius och Gay-Lussac med sina s.k. proportionslagar viktiga bidrag till förståelsen av materiens innersta struktur. Men mellan dem rådde en viss spänning. ”Två stora ryms inte i en påse”, konstaterar en ung dansk gästforskare som såg dem tillsammans i Arceuil och tillägger att det obekväma i den situationen nog berodde på Gay-Lussac som av Berzelius erkändes vara ”superieur” men tyvärr inte tålde att bli motsagd. Det passade inte en natur som Berzelius. Han föredrog Thenard som lyssnade och gärna tog råd.

Gay-Lussac och kollegan Jean-Baptiste Biot i sin ballong den 24 augusti 1804.

Liksom Gay-Lussac tillhörde denne Louis Jacques Thenard kärntruppen i Société d'Arceuil. Tillsammans upptäckte de grundämnet bor, tävlade med engelsmannen Davy om prioriteten gällande framställning av kalium och natrium och upptäckten av jod. Då Berzelius kom till Paris var Thenard en fullfjädrad kemist och hade just lyckats framställa vätesuperoxid, som han är mest känd för. Han hade före revolutionen kommit från en liten by in till Paris där han hade turen att träffa ovan nämnde Vauquelin som tog hand om honom – först som diskhjälp och sedan som jämbördig vetenskaplig medarbetare. Tillsammans med Cuvier gjorde Thenard sedermera upp planerna för undervisningen i Frankrike, blev så småningom senator och adlad, medan hans födelseby i tillnamn fick hans efternamn.

Särskilt road var Berzelius av samarbetet med den gamle abbén René Just Haüy, kristallografins grundläggare. ''Haüy är något till veten-

Louis Jacques Thenard (1777–1857).

René Just Haüy (1743–1822).

Georges Léopold Chrétien Frédéric Dagobert Cuvier (1769–1832).

skapsidkare, man blir alldeles förtjusad av hans rigida konsekvens och hans ofantliga moyener'', skriver han om den 75-årige abbén. När han föreläste höll han sig till manuskriptet och var fullt begriplig trots ''svaga läppar'' och total avsaknad av tänder. Haüy var redan vid sekelskiftet berömd för sina kristallografiska undersökningar, som Napoleon hade bett honom överge för att ägna utbildningen mer intresse och skriva en lärobok i fysik. Abbén hade tvekat, men tog sig an uppgiften då det gav honom möjlighet att vid beskrivningen av den fysiska världen nämna Gud som dess skapare. Hur som helst så blev boken en stor succé med översättningar till flera språk. Vid sin fängelsevistelse på Elba hade Napoleon den med sig som lektyr och Haüys lärobok i mineralogi fanns bland hans kvarlåtenskap på St. Helena. Enligt Berzelius hade mineralogin utan Haüys bemödanden aldrig blivit en vetenskap.

Och så var det Georges Léopold Chrétien Frédéric Dagobert Cuvier, en centralfigur i de franska vetenskapliga kretsarna som forskare, som sekreterare i vetenskapsakademin, som inspektor för undervisningsväsendet, ja, över huvud taget som dominerande person. ''En av de ståtligaste karlar jag någonsin träffat och en av de minst angenäma'', skrev den samtida amerikanske historikern George Bancroft. De minst angenäma egenskaperna hos denne tjockhudade tungviktare, som hans stackars kollega Lamarck fick känna av, tycks Berzelius ha sluppit ifrån. Han uppskattade Cuviers enastående observationsförmåga och ansåg med rätta att Cuvier var den som ''med en större noggrannhet än någon före honom undersökt fossila lämningar av djur och med en beundransvärd skicklighet bestämt utseendet och skapnaden av de djur till vilka de hört''.

Det var en tid då paleontologin – läran om fossila djur och växter – grundades. Fossilen var inte längre enbart kuriositeter för samlare. Dessa ''médailles des créations'', skapelsens minnesmedaljer, började nu systematiskt användas för kartläggning av det förhistoriska livet på jorden och dess utveckling genom tiderna. Lamarck hade lanserat sina djärva tankar om den fortlöpande evolutionen under trycket av miljön, idéer som pekade fram emot Darwin. Teorin fick aldrig fotfäste, inte på grund av det felaktiga antagandet att förvärvade egenskaper ärvs, utan till följd av att Cuvier förvisade den till glömskan och behandlade Lamarck som en narr, till och med i den dödsruna som Franska vetenskapsakademien vägrade trycka. Men detta hände ett tiotal år efter Berzelius besök.

Cuvier framstod och framstår alltjämt som en av paleontologins grundare och skapare av den jämförande anatomin. I sina fossilstudier rekonstruerade han, med hjälp av några benfragment, skepnaderna hos utdöda förhistoriska djur med en bravur som kom Balzac att sjunga hans lov: ''Är inte Cuvier vårt århundrades störste poet? . . . Med ens väcks marmorn till liv, det döda lever och en värld öppnas för dig.'' Men den katastrofteori som Cuvier tillgrep för att förklara försvinnandet av dessa förhistoriska varelser kom, genom hans dominerande ställning, att verka hämmande på utvecklingen. Teorin innebar bl.a. att människans tillkomst skulle vara av sent datum, utan en evolution bakom sig, och att en avgrund av naturkatastrofer helt skilde henne från den övriga djurvärlden. Några fossila rester av en förhistorisk mänsklig varelse kunde inte finnas. "L'homme fossil n'éxiste pas." Det är mot bakgrunden av de då pågående diskussionerna i dessa frågor som man får ta del av Berzelius funderingar om våra tidiga förfäders existens nere i Centralmassivet.

Tillsammans med mineralogen och direktören för den kungliga porslinsfabriken i Sèvres, Berzelius gode vän Alexandre Brongniart, hade Cuvier också gjort paleontologiska undersökningar i markerna omkring Paris. De hade då börjat använda sig av fossil för att bestämma det inbördes tidsförhållandet mellan olika sedimentära bergarter, med andra ord lanserat en ny metod för s.k. relativ geologisk åldersbestämning. Berzelius var djupt imponerad av dessa undersökningar och efter hemkomsten skrev han i Vetenskapsakademiens årsberättelse att Cuviers resonemang inom geologin är "det förträffligaste av allt vad som hittills är skrivet i denna vetenskap, ett arbete där skönhet i uttryck, klarhet i framställningen och djuphet i forskningen på ett alldeles ovanligt sätt sammanparas".

Berzelius fann sig väl till rätta i detta illustra sällskap där hans eget professionella engagemang uppskattades. Hans munterhet och tillfredsställelse i rapporterna visar att Parisvistelsen för honom var en stimulans och besöket i Frankrike fick också intressanta konsekvenser för de fransk-svenska förbindelserna i de lärda kretsarna.

Man ska komma ihåg att det naturvetenskapliga utbytet mellan Frankrike och Sverige ofta skett via deras vetenskapsakademier. Sedan Vetenskapsakademien under vårt lands naturvetenskapliga guldålder grundats, år 1739, dröjde det inte länge förrän den trädde i förbindelse med den äldre franska systerakademien. På den tiden var samarbetet inom astronomin särskilt gynnat, mycket tack vare akademiens dåvarande sekreterare, Pehr Wargentin.

Den betydelse som akademierna senare haft har givetvis varit beroende av livaktigheten hos dessa lärda samfund. Efter en avmattningsperiod i slutet av 1700-talet och omkring sekelskiftet fick Vetenskapsakademien ny livskraft, då Berzelius 1808 förvärvades som ledamot. Hans vistelse i Frankrike satte fart på förbindelserna. Därnere deltog han i Franska vetenskapsakademiens sammankomster och vid den tiden var Laplace, Cuvier, Berthollet och Vauquelin utländska ledamöter i vår akademi. Bland dem som under de närmaste tio åren efter Berzelius Parisvistelse invaldes som utländska ledamöter finns Haüy, Gay-Lussac, Thenard, Brongniard, Arago, Ampère, Chevreul, Dulong, Fourier och Magendie. Det var ingen tillfällighet.

I PARIS

Berzelius hade en frisk aptit på allt som fångade hans intresse. Pennan flyter lätt då han i en rättfram och enkel stil berättar om personer och händelser i efterkrigets Paris. ''Jag får luffa hederligt min tjocka lekamen'', säger han, då han i Paris förflyttar sig mellan lektionerna hos sina vänner, lyssnar på Gay-Lussac och Thenard, ''som läser som änglar'', följer Biots försök rörande ljusets polarisation och diskuterar kemisk mineralsystematik med den beundrade Haüy, som gav honom titeln ''kemins Newton''. ''Gubben Haüy, böjd med åren, gleshårig och tandlös, med ett stort bråck och med det enda felet att han är alldeles för krypande hövlig.'' Berzelius firades som ett orakel men behöll huvudet kallt inför smickret.

Hos Lavoisiers änka madame la Comptesse Lavoisier-Rumford är det ''konserter var fjortonde dag och stor cirkel två gånger i veckan'' och där liksom på Cuviers lördagsmottagningar träffar han folk av ''alla klasser'': forskare, litteratörer och ministrar. Där är det mest karlar och enligt parismodet har man långa, vida, svarta och fula pantalonger, ''det är varmt och bekvämt och utgör de smalbentas tröst''.

Då och då ser vi en skymt av den unge svensken Johan August Arfwedson som skulle bli en av Berzelius reskamrater i Centralmassivet. Denne 26-årige medarbetare hade i två år hört till Berzelius laborationslag i Tyska bagarns hus på Östermalm. Han hade fått i uppdrag att analysera mineral från Utö järngruva och lyckats hitta ett nytt grundämne som döptes till litium. Nu vistades han tillsammans med Berzelius i Paris där han insöp visdom hos gubben Haüy och deltog i ordnandet av mineralerna enligt det kemiska systemet. Men Cuviers lördagsaftnar roar honom inte. ''Arfwedson får spasmer'' då han tillfrågas, för han vet inget odrägligare, och när Cuviers äldsta dotter ständigt frågar efter honom, svarar den grymt sanningsenlige Berzelius ''att han är så kär i Mslle Mars på Théâtre Français, att han ej står att ryckas ifrån spectaklet''. Och så kommer reflektionen ''jag skulle kanske att tycka som han, om jag ej vore mitt i mitt fyrtionde''.

Att den umgängesglade Berzelius själv trivdes är inte att ta miste på och till stor del berodde det på omgivningens välvilja som han med sin livsbejakande hållning lockade fram. Om det är någon egenskap hos Berzelius som bör nämnas främst, så är det att han är älskvärdare än andra, sa någon, jag har glömt vem. Jag kan tänka mig att den fräckt naturlige robuste 40-åringen med spelande ögon och älskvärd humor var ett stimulerande inslag i de franska kretsarna. En begynnande embonpoint gav honom dessutom en klädsam värdighet och så kände man att i botten fanns en fasthet och ett kunnande som ingav respekt.

Vintern kommer och Berzelius konstaterar att fransmännen ''förstår alldeles icke att värma sig''. Deras stora spegelprydda kakelugnar gör ''ungefär så mycket som en pinne i helvete''. I februari flyttar han ut till Arceuil för att leva ett ''patriarkaliskt liv'' hos gubben och gumman Berthollet och idka ''lortkokning'', d.v.s. göra kemiska försök. Där utför han bl.a. tillsammans med sin nyvunna vän Dulong noggranna bestämningar av vattnets sammansättning och vätets, kvävets och kolets atomvikter. I mars är han tillbaka i Paris, våren kommer och ''auricler, saffran,

Johan August Arfwedson (1792–1841).

rosa semperflorens och aprikosträden blommar utanför mitt fönster".

Det var under vistelsen i Paris som Berzelius blev vald till sekreterare i vår vetenskapsakademi och många av upplevelserna i världsstaden berättade han om i brev till sin vän Palmstedt som hemma ordnade och bestyrde i samband med utnämningen. I breven finns också sakliga kemiska utredningar om fabrikationen av svavelsyra och ättika som omväxlar med raljerande miljö- och personbeskrivningar. Hans observans omfattar förutom vetenskap främst vad som naturen har att uppvisa och det persongalleri som omger honom.

De korta beskrivningarna har ofta karikatyrens prägel. Han har en bankir "som skaffat sig något slags utländskt adelskap, är en lång och smal karl med högst roliga prinsfasoner" och "hustrun är en tjocker gumma med lispundspattar och mage såsom en östgötaprost".

Han är märkvärdigt likgiltig för de sköna konsterna. Brev och dagböcker skildrar årstidsväxlingarna i södern, livet på Paris gator och fysionomierna i salongerna, men just ingenting om vad som Paris har att bjuda inom konst, teater och arkitektur. "Sedan man sett ett kungligt slott och en park, har man i huvudsak sett dem alla."

Besök på industrier och laboratorier omväxlar med vetenskapligt författarskap och lustbarheter av allehanda slag. På ettårsdagen efter svenska kungens kröning ger Löwenhielm "ett hejdundrande kalas med illumination, pukor, trumpeter och champagnevin". Vid en middag för drottningen, som dröjer sig kvar i Frankrike, träffar han Parissvenskarna, och i drottningens sällskap "dess systerdotter, Mademoiselle Clary, som är av nästan alla svenskarna nära till dyrkan omtyckt och som synes förtjäna att så vara, samt en sällskapsfru som heter Madame Lambeau, och som göret till och med för guld".

Mesmerismen låg i tiden. Hypnotiska seanser var på modet i Paris och medicinaren Berzelius bevistade följaktligen också en s.k. "magnetisk cirkel". Han ställde sig kritisk och tyckte att hypnos var "ett vedervärdigt sätt att leka med en sjuklig besynnerlighet i nervsystemet".

Så blir det sommar, löven spricker ut och "dröpplar grassera nu på de liderliga svenskarna att det är knappt någon mer som kan kasta första stenen. Det är för det närvarande endast jag och lille Wachtmeister som, dygden till belöning, gå med torra pittar." En lakonisk sedeskildring så god som någon. Det hade sina sidor att leva à la carte, de galanta sjukdomarna var ett stort bekymmer. Vid den tiden hade man dessutom inte klart för sig skillnaden mellan gonorré och syfilis som gick under samma beteckning. Det var först på 1830-talet som fransmannen Ricord kunde visa att det var fråga om två olika sjukdomar. Uppdagandet av deras smittämnen kom först med mikrobiologins frammarsch som under senare delen av århundradet inleddes av Pasteur. Vettiga behandlingsmetoder lät ännu länge vänta på sig.

Frisedeln i berzeliansk formulering gäller den unge Hans Wachtmeister, sedermera landshövding i Blekinge. Han hörde till de svenskar som på ort och ställe bevittnade de många uttrycken för sin landsmans berömmelse i Frankrike.

Det statliga anslaget för resan till Frankrike hade Berzelius med Carl XIV Johans stöd fått bl.a. för att studera den franska kruttillverkningen och reningen av salpeter. Han måste ju göra rätt för sig och innan avresan från Paris fick han genom Gay-Lussacs förmedling lära sig det senaste i den vägen vid ett besök på franska regeringens krutbruk i Essonne. Han redogjorde också plikttroget för sina erfarenheter i en rapport till svenska regeringen.

VARFÖR AUVERGNE?

Ett område som Berzelius vid denna tid ägnade stort intresse var mineralogin. Det kan vara skäl att dröja vid de händelser som fört honom dit. Redan under studietiden hade han på Kemiska institutionen i Uppsala mött mineralogiska frågor hos den mer originelle än produktive professor Jan Afzelius, Sten-Jan kallad. Omständigheterna gjorde att han snarast fick avsmak för området. Det arbete som senare förde till upptäckten av det nya grundämnet cerium hade mineralogiska aspekter men dem lämnade han åt medarbetaren, bergsmannen Hisinger.

Det tredje mötet skedde av en slump. Bland de utlänningar som

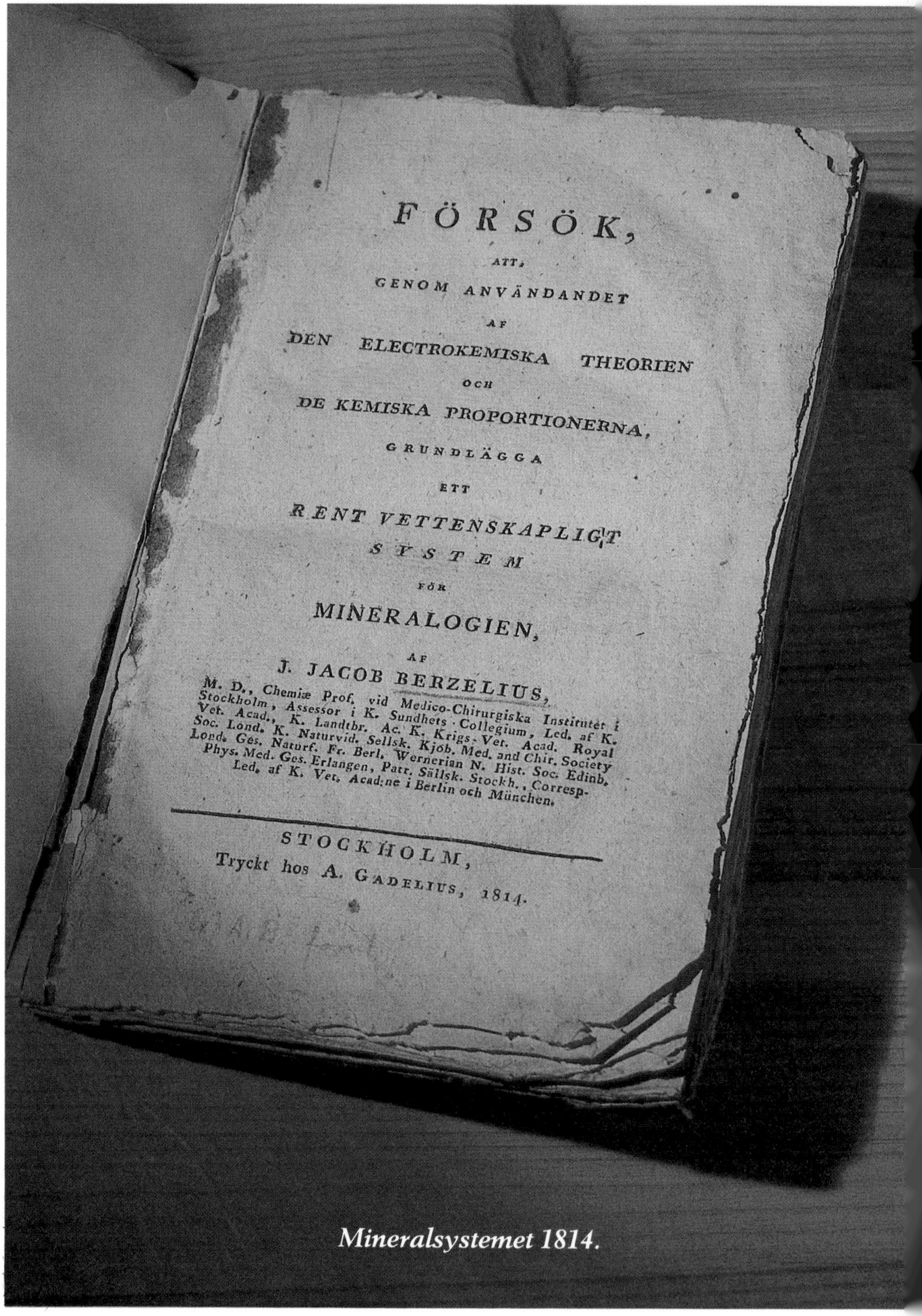

FÖRSÖK,
ATT,
GENOM ANVÄNDANDET
AF
DEN ELECTROKEMISKA THEORIEN
OCH
DE KEMISKA PROPORTIONERNA,
GRUNDLÄGGA
ETT
RENT VETTENSKAPLIGT
SYSTEM
FÖR
MINERALOGIEN,
AF
J. JACOB BERZELIUS,
M. D., Chemiæ Prof. vid Medico-Chirurgiska Institutet i Stockholm, Assessor i K. Sundhets-Collegium, Led. af K. Vet. Acad., K. Landtbr. Ac. K. Krigs-Vet. Acad. Royal Soc. Lond. K. Naturvid. Sellsk. Kjöb. Med. and Chir. Society Lond. Ges. Naturf. Fr. Berl. Wernerian N. Hist. Soc. Edinb. Phys. Med. Ges. Erlangen, Patr. Sällsk. Stockh., Corresp. Led. af K. Vet. Acad:ne i Berlin och München.

STOCKHOLM,
Tryckt hos A. GADELIUS, 1814.

Mineralsystemet 1814.

arbetade hos Berzelius i Stockholm var en engelsman, Mac Michael, som bland annat hade till uppgift att samla in sällsynta mineral åt British Museum i London. Just då avled Berzelius mest uppskattade lärare i Uppsala, Anders Gustaf Ekeberg och hans mineralsamling utbjöds till försäljning. På Berzelius förslag köpte Mac Michael samlingen. Han sorterade ut det bästa för museets räkning, gav resten i present till Berzelius och sa åt honom att lägga bort sin motvilja mot mineralogin. Berzelius tog emot gåvan som han inte verkade vara särskilt angelägen om, då andra problem upptog hans intresse. Men med sitt sinne för ordning och reda kunde han i alla fall inte låta bli att försöka sortera stenarna. Försök till kemisk indelning hade visserligen tidigare gjorts, i Sverige bland annat av Johan Gottschalk Wallerius och Axel Fredrik Cronstedt, men Berzelius fann att de indelningsgrunder som använts både var bräckliga och motsägelsefulla. Man gick fortfarande huvudsakligen efter bergarternas och mineralens rent yttre kvaliteter, de kemiska egenskaperna var ännu för litet kända.

När allt kom omkring var detta för en forskare med Berzelius systematiska läggning någonting att ta itu med. Uppmuntrad av vännen Gottlieb Gahn, bergsman i Falun, började han tillsammans med sina medarbetare ägna sig åt mineralanalyser. Man samlade material vid besök hos den gästfrie Gahn och under glada utflykter till gruvorna på Utö och Ytterby i Stockholms skärgård. Det var en givande verksamhet. Hans svenska medarbetare upptäckte under de närmaste två decennierna sex nya grundämnen och själv bidrog Berzelius med ytterligare ett.

Hör! nya segerrop från Arbetsrummet skalla
där man i burkars rymd fossilet delat ser
Med Mästarns silfwerton Berzelius hörs oss kalla
Wi nalkas, lyssna, se och undra mer och mer.

(Carl Palmstedt, 1818.)

Men nu gällde det också att på grundval av den kemiska sammansättningen få ordning på de olika mineralerna som i sin tur ingår i skilda bergarter.

Med sitt envisa krav på ordning i mångfalden gav sig Berzelius i kast med att utarbeta en kemisk mineralsystematik. "Nu studerar jag ivrigt mineralogien och har under mina studier trott mig finna nyckeln till ett vetenskapligt system som är ganska simpelt", skrev han till Gahn 1814 och presenterade de första grunderna till detta system i en liten skrift.

Arbetet som översattes till olika språk väckte stort rabalder och i sin självbiografi berättar han senare hur det "recenserades såsom den eländigaste orimlighet man kunnat upptäcka". Men han kan inte underlåta att med tillfredsställelse tillägga att "sexton år senare ordnades mineralsamlingen i British Museum efter detta system, och 1836 erhöll jag av Royal Society i London den Copleyanska medaljen i guld, som ett bevis att detta lärda sällskap erkände riktigheten av dessa åsikter i mineralogien". I princip används fortfarande det berzelianska systemet.

Det var sålunda mineralkemisten Berzelius som med så stor entusiasm samarbetade med "den ädle vetenskaplige patriarken Haüy" och utbytte erfarenheter med mineralogen Brongniart och paleontologen Cuvier.

Nu utarbetade de franska kollegerna planerna för Berzelius tre veckor långa resa i det franska Centralmassivet "för att gapa på gamla eldsprutande berg". Till ressällskap valde Berzelius två av sina svenska medarbetare, ovannämnde Arfwedson och 23-åringen Nils Wilhelm Almroth, som också hade mineralogiska intressen. Han var s.k. myntproberare vid Bergskollegium, lade med tiden ner mycken möda på ordnandet av det svenska myntväsendet och slutade som överdirektör för Mynt- och Kontrollverket i Stockholm.

Det var en belåten Berzelius som lämnade Paris för att ge sig ut på äventyren i Auvergne. Till sin gamle vän Hisinger skrev han att han överallt "blivit bemött med vänskap, i vilken jag aldrig kunnat förmärka något av den meningslöshet, som man i allmänhet tillägger fransoserna, då man dömer dem efter deras ruttna hovadel. De vetenskapsidkare jag lärt känna, och deras antal är ej obetydligt, äro alla förträffliga människor och personer med karaktär och ihärdighet, och jag har hos dem ej funnit minsta drag av det begär efter ytlighet, som andra nationer finna ett så stort nöje att tillägga franska nationen över huvud. Jag är ofantligt nöjd med dem."

ETT VÄL VALT UTFLYKTSMÅL

Det var en tid då strider och motsättningar rådde i uppfattningen om jordens ålder och om vad som hänt i jordskorpan alltsedan planeten kom till. Geologin var i sin barndom, då den från rena spekulationer började utformas till en vetenskap grundad på kritiska iakttagelser. Man hade tidigare här i västerlandet levt i föreställningen att skapelsen ägde rum ganska nyligen på grund av slutsatser som baserades på Bibelns ord. Den engelske ärkebiskopen James Ussher hade vid mitten av 1600-talet med Gamla testamentet som hjälp kommit fram till att händelsen inträffade 4004 före Kristus och doktor Lightfoot i Cambridge preciserade tidpunkten till den 23 oktober klockan nio på morgonen.

Då Berzelius besökte Frankrike hade bara 25 år gått sedan skotten James Hutton väckt uppståndelse med sina iakttagelser som lät ana att jordens ålder väsentligt överskrider dessa futtiga årtusenden och att de krafter som skapat kontinenter och format berg fortfarande utövar sin verkan.

Nils Wilhelm Almroth (1797–1852).

Massif Central var sannerligen ett väl valt utflyktsmål för en gäst med Berzelius intressen. De bisarra topparna, ''les Puys'', på ryggen av Centralmassivets platåer hade en gång i tiden fängslat både galler och romare, vars gudar i tur och ordning där fick sina helgedomar. Det sägs att den fantasieggande benämningen Puy kommer från latinets podium. Romarna betraktade väl de underliga platta käglorna som naturens egna jättelika amfiteatrar. Berzelius kom dit en mansålder efter det den franske mineralogen Jacques Guettard bevisat att topparna är rester av slocknade vulkaner.

Auvergnes märkvärdigheter hade sålunda börjat tilldra sig naturforskarnas intresse och gav nya argument i den häftiga debatt som fördes om den spännande frågan rörande bergarternas ursprung och jordens historia. Att vissa bergarter uppstått ur havet hade man tidigt klart för sig. Den tyske geologen A. G. Werner, som Berzelius omnämner i sin resebeskrivning, gick längre än så, då han menade att alla bergarter härstammar från en ursprunglig universell ocean, Neptunus rike. Guettard föreställde sig att basaltformationerna i Auvergne uppstått genom utfällningar i vatten och att en kolförbränning av på så sätt bildat material resulterat i Auvergnes lavor och konformiga toppar.

Nicholas Desmarest, far till Berzelius gode vän, som vi möter i reseberättelsens inledning, hade fortsatt Guettards undersökningar. Han gick ett steg längre och menade att Auvergnes basalt kom direkt från jordens innandöme, Plutos rike. Den pågående striden mellan företrädarna för dessa båda uppfattningar, neptonisterna och plutonisterna, förklarar varför Berzelius så fort tillfälle gavs passade på att undersöka förekomsten av basalt, denna fältspatsrika bergart som i Auvergne förekommer i så många fantastiska formationer och vars vulkaniska ursprung var under debatt.

På sin resa ägnade Berzelius genomgående stor uppmärksamhet åt de vulkaniska materialens skiktning som uttryck för de geologiska skeendenas inbördes tidsföljd. Men varken han eller hans franska vänner hade en aning om *när* dessa eldsprutande berg varit igång. Ett bland de många bekymren var ju att det inte fanns någon tillförlitlig metod för att få reda på de olika formationernas ålder. Först efter upptäckten av radioaktiviteten och med den moderna kosmologins hjälp har man under de senaste årtiondena kunnat avslöja jordens ålder och börjat få en uppfattning om när olika omvälvningar i jordskorpan ägt rum.

”När en främling väl lärt känna Auvergne, förlorar han där minnet av sitt hemland.”

Sidonius Apollinaris

CLICHÉ LOIC-JAHAN, CHÂTEAUNEUF-DE-GRASSE

Puy de Côme med sina två koncentriska kraterringar. Puy de Dôme i bakgrunden.

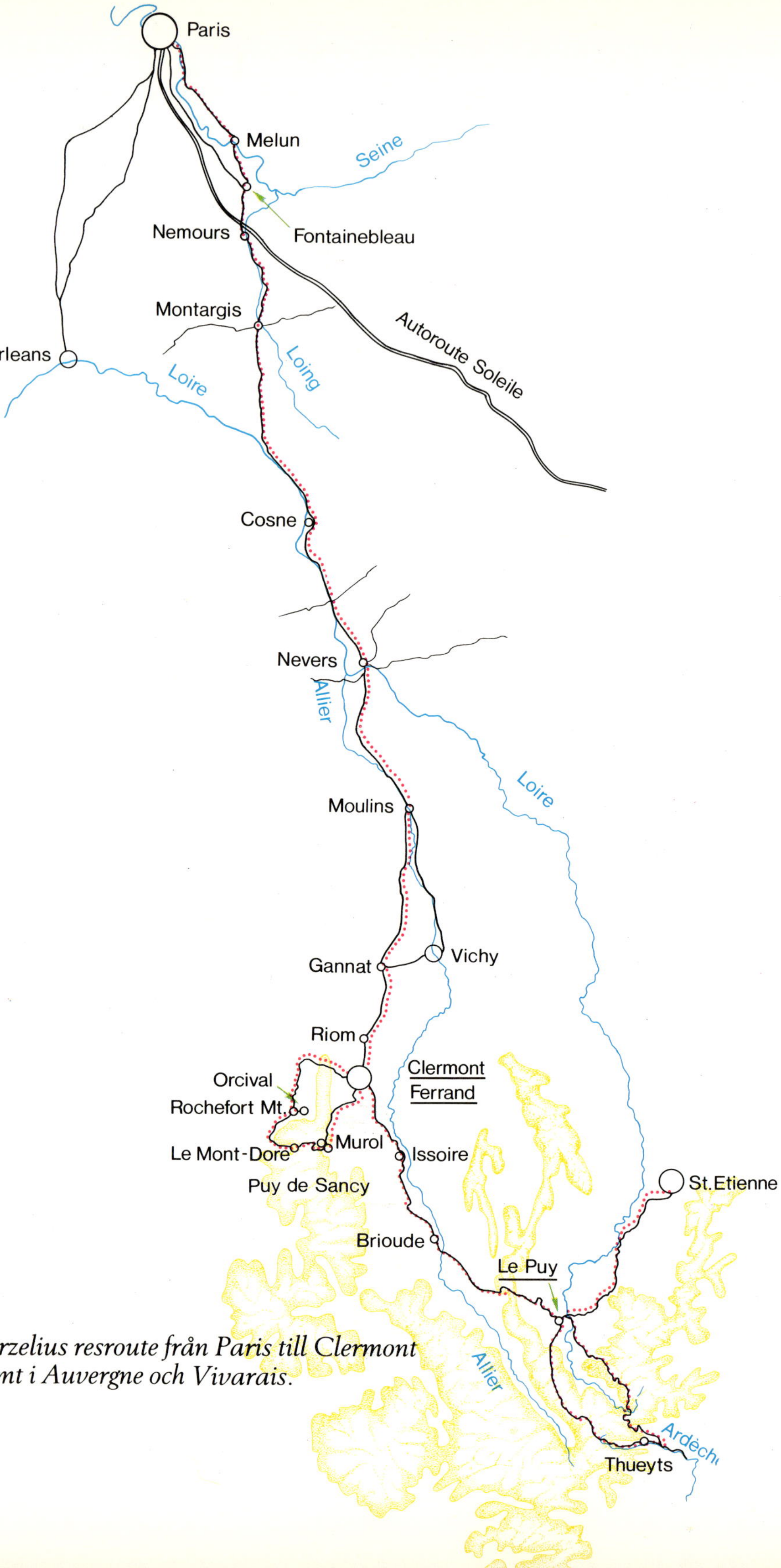

Berzelius resroute från Paris till Clermont samt i Auvergne och Vivarais.

BERZELIUS RESA I FRANKRIKE

UNDER RESOR inträffa många tomma ögonblick, då kroppen är trött av mödor och uppmärksamheten av föremålens mängd, och då det är en angenäm vila att i maklighet återkalla förflutna dagars händelser samt lämna de förnämsta åt papperets förvar. Sådan är min erfarenhet i detta ögonblick, och jag förmodar, att sådant hava alla uppmärksamma resanden erfarit.

Innan min avresa från Paris fick jag, likasom innan jag reste från Stockholm, en giktparoxysm med feber, som höll mig några dagar inneliggande och förorsakade, att allt som blivit uppskjutet till sista stunden, måste ske med brådska eller åsidosättas. Också var jag alldeles yr i huvudet de två sista dagarna. Visiter *en personne* och med kort, avskedsmåltider, avskedsbesök, gräl med hantverkare, som ej hunno beställningar färdiga, inpackning och tusende andra saker förbryllade mig helt och hållet. Jag lämnade utan all slags saknad *stället* Paris; men från de vänner jag där hoppas hava förvärvat, kostade det mycket på mig att skiljas, särdeles med den tanken att troligen aldrig mer återse dem. Bland dessa sätter jag utan all jämförelse i första rummet greve G. LÖWENHJELM, i vars hus jag under hela tiden bott och som därvid hanterat mig ej allenast med ynnest utan med en förtroendefull vänskap, där avståndet emellan den högt uppsatte statsmannen och pedagogen aldrig kom i fråga, och varigenom mitt vistande i Frankrikes huvudstad ganska säkert blev långt angenämare än någon annans. Greve LÖWENHJELM känner konsten att sätta människor i förbindelse på ett sådant sätt, att förbindelsen ej blir en börda, som man vid första tillfälle skulle vilja avskudda sig. Jag kan ej vedergälla honom, men det gör mig ett nöje att minnas, vad jag har att tacka honom för.

Mina vetenskapliga bekanta hade även visat mig ej allenast artighet utan en utmärkt vänskap. Med THENARD, GAY-LUSSAC, DULONG och CHEVREUL hade jag levat på samma fot som med gamla Uppsalakamrater. Den gamle hedersmannen BERTHOLLET hade i tvenne månader härbärgerat mig i sitt laboratorium på Arceuil, och jag skall alltid behålla i färskt minne dessa patriarkaliskt framlevda veckor. CUVIER och BRONGNIART hade lovat att vid min avresa följa med till Fontainebleau-skogen för att där göra en liten geologisk *cours*. CUVIERS göromål såsom statsman gjorde uppskov i resan, till dess han slutligen måste alldeles uppgiva denna idé. ARFVEDSON och ALMROTH skulle göra resan med mig. Vi avskickade våra saker med diligensen till Clermont och togo själva platser i Fontainebleau-vagnen. BRONGNIART, som nu ensam beledsagade oss till Fontainebleau, visade mig den artigheten att föra mig i sin vagn med fru BRONGNIART och hans dotter, under det hans son reste med ARFVEDSON och ALMROTH i diligensen. BRONGNIART avhämtade mig i greve LÖWENHJELMS hotell den 12 juni klockan 1/2 11 f.m. Vi dinerade 1 1/2 mil från Paris hos BRONGNIARTS svåger, där damerna stannade, varefter han och jag fortsatte resan till Melun, där vi kvarblevo över natten. En timme efter oss anlände unge BRONGNIART med ARFVEDSON, ALMROTH, amerikanarne VANUXEM, KEATING och STEVENSON, italienarne TOMMI och MAZZI samt brasilianarn ISLE DE FONSO. Sällskapet superade tillsamman. Följande morgon gingo de flesta av sällskapet klockan 6 till fots till Fontainebleau-skogen, varefter BRONGNIART med de lata svenskarne samt stora frukost- och middagspåsar och ett par korgar körsbär i åkdon vandrade samma väg efter. Vi stannade ungefär i mitten av skogen nedanför la Table du grand veneur. Skogen består av ek, bok och avenbok. Vi frukosterade här på en klippa och fortsatte sedan vår vandring till sandstensbrottet Belle croix, där man finner den så kallade kristalliserade sandstenen. Vi genomvandrade carrièrerna och funno till vår stora glädje åtskilliga ganska vackra kristaller, ehuru man sagt, att de nu skulle vara utletade. Man bryter här ingen sandsten mer, och därigenom bliva dessa kristaller efter hand sällsyntare. Därefter gjorde vi en promenad i den vildare delen av skogen, gingo över les rochers Acriers samt passerade les gorges d'Apremont. BRONGNIART ville här visa oss någonting alldeles ovanligt, och vi sågo någonting likt varenda beteshage i svenska skogsbygden. Under vägen tillstötte tvenne franska naturforskare, herrar DESMAREST och ODIOT, vilka tillika med några av det förra sällskapet sysselsatte sig med att fånga ödlor, insekter och maskar i alla pölar och blomster kring alla buskar, och slutligen tillstötte även greve FONCHAL (en av de tre ledamöterna i den portugisiska regeringen i Lissabon), som mycket älskar mineralogien och med vilken jag varit lierad, ända sedan jag var i London 1812. Vädret var förträffligt och mångfaldigheten av föremål för sällskapets uppmärksamhet betydlig, så att nyfikenheten i alla ögonblick var sysselsatt med något. Vi spisade vår middag vid jägarebostället Franchard, där hela sällskapet, 15 man högt, lägrade sig på gräsbädden bredvid en källa. FONCHAL hade utom en särskild matsäck medfört fina viner och kaffe, som efter slutad måltid dracks dels ur riktiga kaffekoppar, dels ur glas och dels ur lackerade läderbägare. Man har sällan så utmärkt angenäma middagsmåltider som denna var. Vi åkte från Franchard till Fontainebleau, men som vid ankomsten klockan ännu var endast 6, så gjorde vi en promenad i den undersköna bokskogen, som ligger på en ofantlig höjd ovanför och tätt bredvid staden. Vi besågo följande dagen slottet och dess park. Sedan man sett ett kungligt slott och en park, har man i huvudsaken sett dem alla. Klockan 11 gjorde vi en promenad åt skogen i vagn (de flesta av det yngre sällskapet gingo till fots) och passerade byarna Thomery och Fonderie, som förse Paris med de sköna druvorna, kallade les chasselas de Fontainebleau. Vi besågo här ett par kalkstensbrott, det senare vid Valvin. Vi dinerade här i skogen på en stor höjd i skuggan av lummiga bokar; Seineströmmen flöt förbi foten av kullen så gott som under våra fötter, och på andra sidan låg ett stort, tätt bebott fält, på vilket byarna Samoreau och Samois intogo främsta rummet. Vår mineralogiska kurs var nu slutad, och vi återvände till Fontainebleau, där vi superade tillsamman, varefter vi skilde oss från sällskapet. Avskedet från den älskvärde BRONGNIART var rörande. Våra ögon voro ej tårfria, och jag skildes från en tio månaders bekantskap såsom från en ungdomsvän, som man för alltid måste lämna. Då jag tog avsked av unge BRONGNIART, sade fadern med en allvarligt sorglig ton: "Ja, han har mera hopp att återse er." Jag kan ej beskriva det intryck denna scen gjorde på mig.

Klockan ½ 4 följande morgon sutto vi i diligensen, vars *cabriolet* vi redan i Paris hyrt. ALMROTHS ofantliga lekamen och den delen av mitt jag, som sitter, intogo var för sig en så dryg del av det redan trånga sätet, att ARFVEDSONS fina figur blev ännu mera komprimerad, och han kunde ej utan vårt gemensamma tillstånd lyfta sig av stället. Så rullade nu vagnen mot söder. I Montargis inhämtade vi klockan 10 ett slags middagsfrukost, som dock i anseende till sin beskaffenhet var varken det ena eller det andra. Här lärde vi känna resesällskapet, som fyllde diligensens insida och som bestod av sex personer, fyra karlar och tvenne kvinnor. Den ena av dessa var en ung nygift fru, för första gången på vägen att bli mor. Den andra syntes vara en gammal guvernant. Herrarne, av vilka den ene var fruns man, generade sig alldeles icke i tal och svar för damerna, som skrattade med full hals åt uttryck, som mången svensk skönhet med tillgjord stickenhet skulle ha låtsat icke förstå. Resan fortsattes utan avbrott till Cosne, en liten stad, där man arbetar ganska mycket i järn och stål. Vi superade här anfallna av smedshustrur, som ville truga på oss en mängd fransyska Eskilstunaprodukter. Vagnens insidessällskap, som under resan blivit mer inbördes bekanta, hade också blivit yrare än förut. Ett par av herrarne drucko friskt av det sura vinet och blevo därav synbart muntra; men i högsta glädjen befallte konduktören avmarsch . . .

Jag sov hela natten ganska gott och vaknade först vid vår ankomst till Nevers klockan 8 på morgonen. Här begynte den franska osnyggheten att bliva obeskrivlig, såsom den sedan söderut fortfor. Hit hörer i synnerhet obekvämligheten av den sortens nödvändighetsbyggnad, som i Frankrike kallas *commodit.* Antingen saknas den alldeles, och man får anvisning på gödselhögen, eller är den så tillpyntad, att man renast och bekvämligast begagnar golvet bredvid. "La méthode est drôle" sade en av reskamraterna, i vars sällskap jag hade äran att återbetala naturen dess skatt; men som han i detsamma höll på att halka baklänges, tillade han: "et mauvaise". Jag ber om förlåtelse av mina vänner, att jag talar om dessa saker, men det är omöjligt att

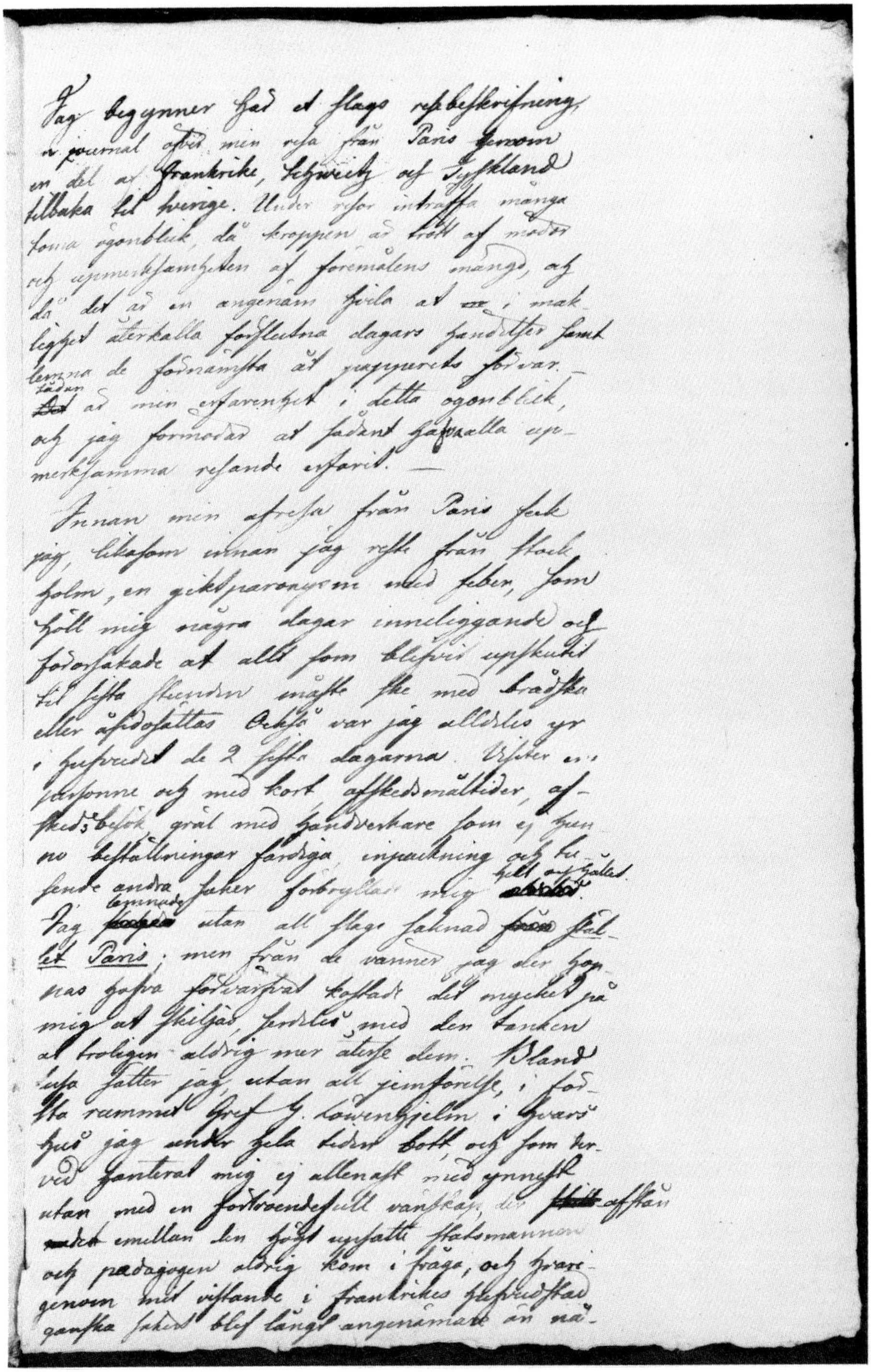
Jag begynner här et slags resbeskrifning
i journal öfver min resa från Paris genom
en del af Frankrike, Schweitz och Tyskland
tillbaka til Swerige. Under resor inträffa många
sköna ögonblick, då kroppen är trött af möda
och uppmärksamheten af föremålens mängd, och
då det är en angenäm sysla at [illegible] i mak-
lighet återkalla förflutna dagars händelser samt
lemna de förnämsta åt papperets förvar.
Sådan är min erfarenhet i detta ögonblick,
och jag förmodar at sådant hafva alla upp-
märksamma resande erfarit.
Innan min afresa från Paris fick
jag, likasom innan jag reste från Stock-
holm, en giktparoxysm med feber, som
höll mig några dagar inneliggande och
förorsakade at allt som blifvit uppskjutet
til sista stunden måste ske med brådska
eller åsidosättas. Också var jag alldeles yr
i hufvudet de 2 sista dagarna. Visiter en
personne och med kort afskedsmåltider, af-
skedsbesök, gräl med handtverkare som ej hun-
no beställningar färdiga, inpackning och be-
sende andra saker förbryllade mig helt och hållet.
Jag lemnade utan all slags saknad stal-
let Paris; men från de vänner jag der hon-
nas hafva förvärfvat kostade det mycket på
mig at skiljas, serdeles med den tanken
at troligen aldrig mer återse dem. Bland
dessa sätter jag utan all jemförelse, i för-
sta rummet Gref G. Löwenhjelm i hwars
hus jag under hela tiden bott, och som ver-
ved hanterat mig ej allenast med ynnest
utan med en förtroendefull vänskap, der afstånd
emellan den högt uppsatte statsmannen
och pedagogen aldrig kom i fråga, och hvare-
genom mitt vistande i Frankrikes hufvudstad
ganska säkert blef långt angenämare än nå-

Första sidan i Berzelius reseanteckningar (1819).

draga uppmärksamheten alldeles från ämnen, som på varje gata och varje gård erbjuda sig högtals åt ögat och foten.

Vagnen rullade från Nevers. Landet blev allt vackrare och bördigare. Vi hade i flera mil ända från gårdagen följt Loirefloden, som vi i Nevers foro över. Vägen förde oss snart till Allierfloden, som faller in i Loiren. Vi anlände till Moulins, som ligger på Allierstranden, klockan 3 på e.m. Efter inhämtande av en tarvlig, men i tre anrättningar serverad middag gingo kamraterna till vila, men jag, som sovit gott i vagnen, tog en *guide* och gick ut att bese stadens märkvärdigheter. Det är en ganska vacker och väl byggd stad. Det märkvärdigaste jag såg, var en gravvård efter duc DE MONTMORENCY i kapellet, som tillhör le Collège royal. Vi kvarblevo enligt föreskriften för diligensens fart till klockan 12 på natten, så att jag efter slutad promenad hade god tid att vila, tills man underrättade oss om, att vagnen var förspänd.

Sömnen fortsattes i vagnen till klockan 5 följande morgon, då vi stannade i en by för att ombyta hästar. Kring klockan 10 kommo vi till den lilla staden Aigueperse, där vagnen höll en timma för att ge oss tillfälle att frukostera. ALMROTH och jag begagnade denna tid att bestiga en höjd ovanför staden, som vi från vägen sett vara ett stenbrott. Konduktören och postiljonen satte sig väl något emot vår avmarsch, påstående, att vi hade minst en timmes väg dit; men vi drogo åstad och befunno oss efter 11 minuters vandring på stället. En karl, som vi där träffade, förde oss omkring och sade oss, att fordomsdags på kullen stod slottet Montpensier, som nu var nedrivet, emedan stenbrottet försvagade grunden. Man hade härifrån en förträfflig utsikt åt landet runtomkring. Framför oss i söder låg slätten La Limagne, i öster och väster begränsad av tvenne höga bergsryggar, av vilken den västra är märkvärdig därför, att den är en kedja av utbrända vulkaner, där jorden ur sina inälvor genom några och sjuttio ofantliga gap utspytt nästan hela provinsen Auvergne. Vi sågo där i synnerhet tre höga berg: Puy de Dôme, Mont Dore och sannolikt Puy de [la] Nugère. Det förra av dessa överträffade de andra i synbar höjd. – Stenbrotten i denna kulle voro överst en ej särdeles mäktig gips och därunder ett lager av kalksten, på sina ställen så genomdragen av bergbeck, att den såg blåaktig ut. Bergbecket satt här och där avskilt i små glänsande delar. Lägre ned fanns ännu gips, men den bröts ej. En *lieue* i öster om denna kulle hade man ett gott kalkstensbrott, som gav byggnadssten.

Resan fortsattes från Aigueperse genom Gannat, Riom och Montferrand till Clermont. Den första av dessa ställen är en liten *bourg*, det allra lortigaste ställe jag någonsin sett; det såg mig ut såsom en generalgödselhög åt hela provinsen. Se här en liten tavla av en gata i Gannat. Små hus av kalksten, en våning höga, murar och fönster lika bestänkta med gatsmuts. Här är nu en liten öppen plats, ungefär som om ett av husen vore borttaget. Till höger i hörnet står dörren till ett av dessa nästan öppen. Åboen, trasig och bondklädd, ligger på knä i dörren och hugger ett stycke trä mot tröskeln såsom huggkubb. Till vänster stå tvenne på länden träckiga kor, spända för en flakvagn, och idissla det gödselblandade hö, som ligger framför dem; mittför dörren, just i den väg, som bär in i huset, sitter på tre stegs avstånd från detta en liten flicka om fem år, som gör sitt tarv och dymedelst presenterar ämnen till gatufyllning.

Riom är en liten befäst plats, försedd med ett stort fängelse, som är väl byggt och ger staden ett romantiskt utseende. Gatornas trånghet tillät icke diligensen att passera, utan vi måste fara omkring staden på ett slags boulevard för att komma ut på andra sidan, Montferrand ligger ett par stenkast från Clermont och syntes vara en ganska vacker stad, men liten.

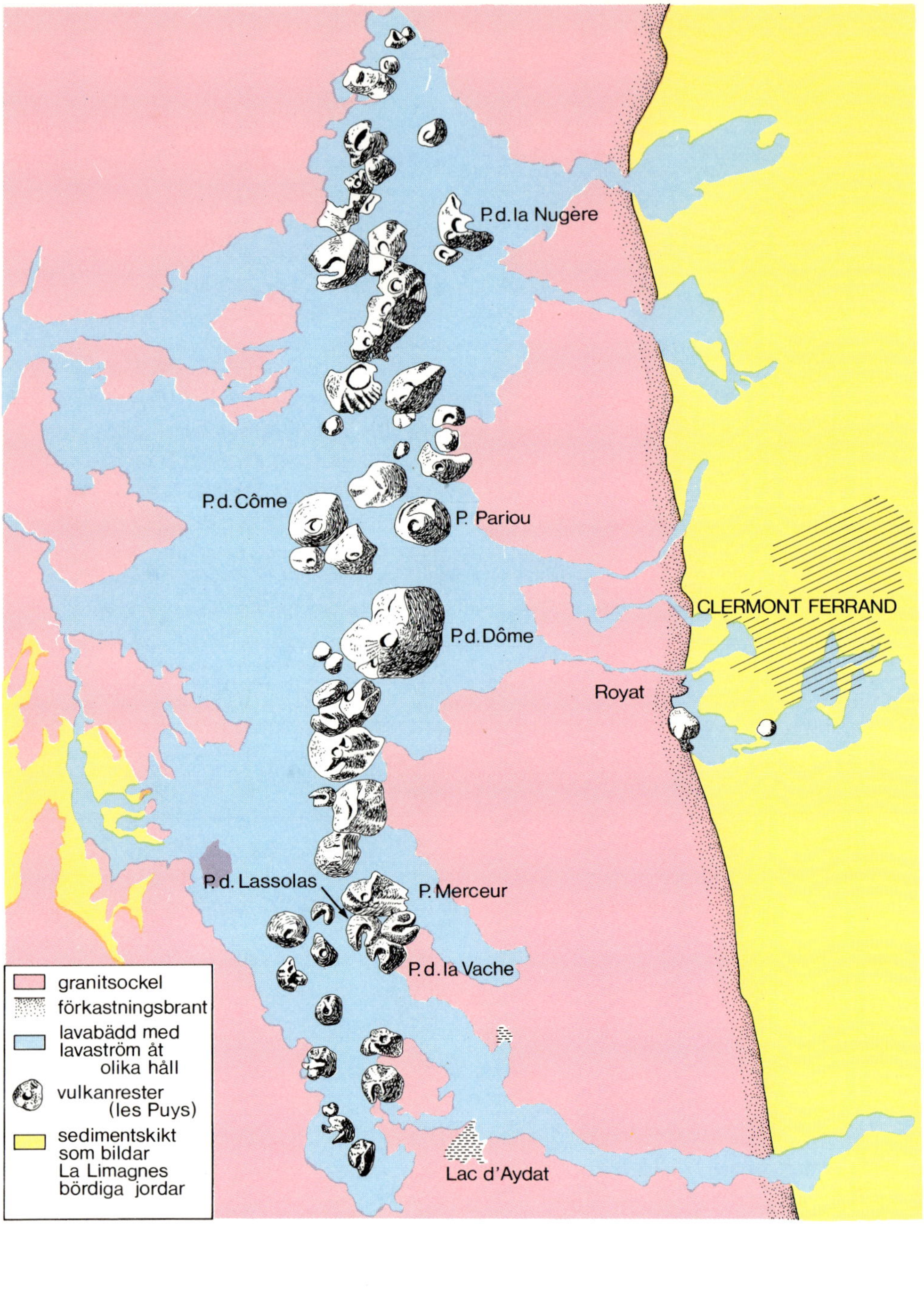

Vulkanparken på granitsockeln väster om Clermont-Ferrand.

Himlen är hög och det ser ut att bli en fin dag, när vi sjunker genom soldiset och rullar in på Charles de Gaulle. En liten guldblond Madelaine på biluthyrningen trollar fram en Renault av en modell ett pinnhål över vad som anstår oss, bilnycklar och sedvanligt kontrakt med obegripliga hieroglyfer. Med en gudinnas leende och ett "Tout à droit et bon voyage" i en lätt sky av Chanel no. 5 utlämnar hon min hustru och mig åt vårt öde på nerfarten till A-ettan. In mot Perepheriquen skjuter bilarna fram om varandra som foreller i en strömfåra; den delar sig, flyter ihop och delar sig igen. Frankrike har perfekta väganvisningar, som med hänsyn till de höga farterna kommer i god tid innan man skall göra sitt val. Stimmet tätnar till en mask som i högsommarhettan segt krälar över broar och genom tunnlar, tills vi plötsligt halkar ut på A-sexan nära Arceuil, passerar Essonnes industrigytter och Melun, där Berzelius tog nattkvarter efter sin avfärd från Paris.

Den avstickare han de följande dagarna gjorde i Fontainebleauskogen tillsammans med sina vänner gav honom en välbehövlig vila efter de sista dagarnas jäkt i Paris. Han hade strax före avresan haft ett av sina anfall av huvudvärk och illamående och så gjorde alla packningsbestyr saken än värre. Tolv lårar med glas, retorter, ugnar, fysikaliska instrument, mineraler, kemikalier och böcker hade skeppats till Stockholm. Sexhundra franc var mycket på den tiden och de hade gått åt för allt som "jag verkligen med så mycket spring och så mycken njuggning i min hushållning dragit ihop för våra vetenskapliga behover i Stockholm". Utflykten i Fontainebleaus bokskogar gjorde honom gott.

Nu för tiden når man på skogsvägarna med bilen ända fram till Apremonts och Franchards märkliga hålvägar och vid Grand Veneur där Berzelius och hans vänner frukosterade på en bergsklack ligger nu en lyxkrog, med en galonerad väktare för gästernas välputsade Citroëner. Så mycket druvor kommer väl inte nu längre från Thomery och Fonderie men palatset ligger oförändrat i sin oändlighet. Den som, i motsats till Berzelius, är road av slott får så mycket han förmår av fransk historia från Frans I till Napoleon III.

Eftermiddagssolen silar genom lövverket när vi på väg ut ur Fontainebleauskogen ner mot Loingdalen svänger förbi Carl Larssons, Liljefors och de andra 80-talistiska konstnärsvännernas Grez. Där damp Strindberg plötsligt ner med sin Siri, och då Carl Larsson mötte "gingo de så prudentliga den raka enformiga franska landsvägen arm i arm". Det var 1882, Strindbergs äktenskap sprack, Carl Larssons Karin i sin vita klänning blev här hemma generationens brudsymbol och Grez fick en plats i konstannalerna.

I Nemour korsar vi autostradan till Lyon och tar, som Berzelius, vägen över Montargis för att rulla på kanten av Bourgogne och följa Loire motströms, där hon på väg norrut, i all sin prakt, sävligt gör en stor sväng över Orléans. I det heta solljuset skiner boskap glänsande vit mot fältens orgier i gröna nyanser. I Cosne-sur-Loire attackeras man inte längre av några smedhustrur, men ett stort ankare på en gresslänt i

Clermont med Puy de Dôme i bakgrunden vid tiden för Berzelius besök.

parken upplyser om att järnbruken på Loires mångmilaslinga en gång i tiden levererade både ankare, kanoner och kulor till Atlantkusten, och ett bastant krukformat torn påminner om att vi nu lever i atomåldern.

Eftersom Berzelius i sin trånga diligens sov mellan Cosne och Nevers, såg han aldrig Sancerres högst förträffliga vinfält som allt sedan dess svallat mot horisonterna på båda sidor om vägen. Vi hade en bekvämare natt än han på ett litet hotell vid infarten till Nevers, departementet Nivernais idylliska huvudstad. Vid en filet du veau au rochefort, ett vin från Sioule-vulkanens slänter och i kretsen av en lokal familj med fyra barn, farfar, farmor, hund och katt på en restaurant på andra sidan landsvägen, har man svårt att föreställa sig det eländiga tillstånd som rådde på Berzelius tid. Men det var ju då bara några årtionden sedan Nevers, Moulins och Nantes under skräckväldet fått känna av den iskalle Fouchés framfart; hungersnöd och ungdomsslukande Napoleonkrig kom som extra bördor.

Under de senaste femtio åren har Nevers blivit en vallfartsort, alltsedan den lilla mjölnardottern Bernadette från Lourdes kanoniserades 1933 och började ta emot i Saint Gildars klosterkyrka, exponerad i en glaskista, en Snövit i väntan på sin prins, fast i svart – charité-nunnornas svarta dok.

Vi tankar på en bensinstation vaktad av en schäfertik som hade den förtjusande egenheten att gråta då hon såg andra hundar i nöd, kör ut ur Nevers genom den praktfulla Porte du Croux, bastionen från 100-årskrigets dagar, lämnar Loire och följer Allier ner mot Moulins.

Berzelius som var pålitligheten själv i sin vetenskap var inte så noga med de faktiska uppgifterna då han berättade om sitt liv och sina resor. Men man förlåter honom gärna då han efter en natt i den trånga diligensen klockan fem på morgonen tappat bort ordningen på de små dyngdoftande städerna. En petnoga resenär märker att man kommer till Gannat före Aigueperse. Man reser i forntid, medeltid och renässans och i Gannat med sina trånga gränder möter en av Frans I:s marskalkar, Jacques de Chabannes, Seigneur de la Palisse, som gick till eftervärlden i en sorglustig visa, då han efter att ha tagits till fånga i slaget vid Pavia sköts till döds. Att omkvädet ''Hêlas! S'il n'était pas mort, il serait encore en vie'' skulle vara förebild till en av visdomarna i Kjellgrens Salig Dumbom får Frans G. Bengtsson stå för.

Åldriga platanalléer tar oss över långsluttande höjder och vid Aigueperse kommer vi ut på den givmilda La Limagne, en av Frankrikes mest fruktbara jordar. I fonden till höger tonar bergen i blått med Puy de Dôme som dominant. Det betyder att vi närmar oss Clermont-Ferrand, basen för Berzelius utflykter i Centralmassivet.

När man som han över La Limagne närmar sig staden från norr, går färden mellan två nordliga utlöpare av Centralmassivet. La Limagnes grönskande slättmarker omkring Allierfloden fyller ut en fyra mil lång bergsränna, som genom förkastning uppstod i den gamla berggrunden för drygt 50 miljoner år sedan. Öster och väster om slätten höjer sig de omgivande granitsocklarna. Den västra bär upp en lång rad slocknade vulkaner, rester av de våldsamma eruptioner som för omkring 25 miljoner år sedan nådde en praktfull klimax, för att sedan under de följande årmiljonerna av och till öppna utlopp för den heta magman, slunga ut fragment av jordens innandöme och gjuta lava över urberget. Så småningom formades detta märkliga landskap genom att jord och bergarter föddes i de svalnande lavamassorna för att tillsammans med raden av kägelformade vulkanrester bilda den västra bergskedjans taggiga rygg, Chaine des Puys, ett av den berzelianska resans huvudmål.

Berzelius var van vid att se på naturen med en geologs ögon tack vare exkursionerna här hemma i Sverige i sällskap med vännen Gahn. När vi lekmän försöker tolka vad den s.k. vulkanparken väster om Clermont-Ferrand har att bjuda på, kan en förenklad planskiss baserad på nutida geologiska kartor vara till hjälp. Den ger oss också en antydan om hur omtänksamt Berzelius resa var planerad i ett område som då låg öde, men som nu är en välbesökt turistattraktion.

Till höger på kartan (sidan 64) ser man en del av La Limagne med Clermont-Ferrand i norr. Granitsockeln i väster, Plateau de Dôme, är genom förkastningsbranten från norr till söder skarpt avgränsad gentemot slätten. Uppe på platån ligger den långa bergskedjan av vulkanrester, Chaîne des Puys, som rundade toppiga öar i en ''sjö'' av stelnade lavor, som i många omgångar under årmiljonerna vältrat ut över granitsockeln och så småningom klätts i lummig grönska. Geologiskt sett fick Chaîne des Puys helt nyligen sin nuvarande form. Det var genom täta paroxysmer i jordskorpan så sent som 40 000–4 000 år före vår tid. På så sätt kom lavasmältorna från dessa sena utbrott att delvis lagras över de vulkaniska materialen från tidigare utbrott vars lavor man finner i centralområdets omgivningar. På den geologiska kartan ser det senast bildade lavaområdet på granitsockeln ut som en krokodil med vulkankedjan som taggig rygg, lavaflödena åt öster och väster som ben och det mot söder som en lång krökt svans. Ett smalt flöde löper från platån ner till La Limagne där det svämmat ut i ett område söder om den plats där Clermont-Ferrand ligger.

Det kan vara på sin plats att förbereda exkursionen tillsammans med Berzelius med att kort presentera en del mineralogiska uppgifter. Man anser nu att mer än fyra femtedelar av de stelnade lavorna i detta område har en grundmassa av natrium-kalcium-fältspat, s.k. plagioklas. Det tillhör den kiselhaltiga silikatgruppen i Berzelius kemiska mineralsystem och är i själva verket det vanligaste mineralet i jordskorpan. Fältspat är sålunda huvudbeståndsdel i basalten som dessutom innehåller andra silikater, som på grund av annorlunda sammansättning har andra kristallstrukturer. Det rör sig främst om mindre korn eller klumpar av grön, glansig olivin (magnesium-järnsilikat) och olika s.k. pyroxener (kalcium-magnesium-järnsilikat) som kan ha de mest skilda färger och skepnader och därtill ytterligare andra krångligt uppbyggda kiselhaltiga mineral, t.ex. hornblände och glimmer.

KERSTIN BERNHARD

Domkyrkan i Clermont-Ferrand med Puy de Dôme mot kvällshimlen.

För Berzelius gällde det att få en uppfattning om förekomsten av vulkaniska produkter och han var därför uppmärksam på närvaron av sådana mineral som olivin, eftersom detta alltid är av vulkaniskt ursprung och aldrig förekommer i underlagets graniter, som bildades vid eruptioner för flera hundra miljoner år sedan. Han nämner också augit (en pyroxen) som tecken på vulkanism.

En mindre del av traktens vulkanrester består av natrium-kaliumfältspat med högre kiselhalter; det är finkorniga, glasartade magmarester, s.k. trakyt. Den har en tät struktur, grundmassan är förnämt sidengrå med svarta stänk, som kommer från fina korn av glimmer (biotit). Denna svarta glimmer är alltid rik på järn och innehåller dessutom ofta metallen titan.

Kärt barn har många namn och här nere i Auvergne kallas denna trakyt för domit, liknar enligt Berzelius inte någonting annat och är typisk för Puy de Dôme, hövdingen för traktens vulkaner.

> Clermont är en tämmeligen vacker stad och har en högst pittoresk belägenhet, en fjärdingsväg från där de ofantliga, från Puy de Dôme, Puy de Pariou och en mängd smärre vulkaner utvräkta lavamassorna stelnat och nu formera berg, som sedda med en allmän överblick från höjden i stort likna svallisen, som om våren bildas på våra berg. Man ser, hur massan varit trögflytande, huru den stelnade skorpan här och där vräkt sig på sidan och hindrat lavaströmmens likformighet. Sluttningen av dessa lavaberg är nu betäckt med en svag grönska, genom vilken den rödbrända lavan ännu lyser fram. Ovanpå, där jorden är mera horisontal, är den kultiverad och bar nu en utmärkt vacker råg. Då emellan två lavaströmmar bildas en dal, vari en bäck framflyter, så är vegetationen ganska ymnig, sluttningen beväxt med träd och ställets skönhet obeskrivlig. Vattnet är kallt och klart och framflyter med forsande. Här och där frambryta varma källor, vilkas vatten är mättat med kolsyregas och kokar, då vattnet i dagen har endast atmosfärens tyngd att bära och gasen därigenom sammantryckes av en mindre kraft. I fonden reser sig Puy de Dôme, som består av en högre och en lägre kulle, och på sidan ser man dess närmaste granne, Puy de Pariou, såsom en i toppen avskuren kon. Puy de Dôme bär som oftast på toppen en sky, och ej sällan är den hel och hållen omgiven av skyn, så att den ej synes, ehuru dess raka avstånd från Clermont ej gör stort mer än 2/3 mil, men lavabergens höjd är redan så betydlig, att foten av Puy de Dôme,

som därifrån uppstiger, ligger vid gränsen för de lägre molnen.

Vi togo in på det hotell, dit diligensen förde oss, där jag från mitt fönster kunde mätta mina ögon med åskådandet av en trakt, som jag så länge önskat få undersöka på närmare håll. Men detta värdshus, vilket hål! Vilken middag man serverade oss, ehuru i sällskap med officerare från garnisonen. Vi uppassades av kökspigan, som var klädd som en lagårdspiga, hade *goître*, en tämmeligt allmän sjukdom här i landet, och svart, sprucket skinn inuti händerna. Om aftonen, då vi alla tre samlats i mitt rum och ARFVEDSON och ALMROTH inburit det smala talgljus, som bestods på deras rum, inkom pigan och frågade, om vi icke kunde nöja oss med ett ljus, emedan en herre, som skulle gå i sitt rum att lägga sig, behövde det andra. Vi behöllo våra tvenne eländiga talgljus, men då jag sedan om en halvtimme hörde pigans fortfarande jämmer över att ej hava ett ljus åt en person, som svor i trappan, tände jag på min blåsrörslampa och lämnade mitt ljus. Hon tackade därför med en så livlig känsla av förlossning ur sitt bryderi, att mången jungfru efter skedd förlossning vid Röda bodarna ej tackar med större hjärtlighet.

DEN 18 JUNI. Vi hade fått en *itinéraire* för vår tur i Auvergne av CORDIER, som tydligt innehöll, att vi ej skulle ligga för länge i Clermont och hellre försumma allt annat för att se Vivarais i dep. Ardèche. Det oaktat hade vi beslutat att vila oss en dag här, innan vi skulle begynna våra bergvandringar. VAUQUELIN hade adresserat oss till en apotekare vid namn MOSSIER, som har en rik samling av Auvergnes mineralprodukter. Vi beslöto att se denna samling på vilodagen, men vi träffade icke fadern hemma, och sonen hade ej nycklarna till kabinettet. Han erbjöd sig att i stället föra oss till de märkvärdigheter, som funnos närmast kring Clermont. Vi besökte först den mycket omtalade naturliga bron vid S:t Allyre. Här framrinner en mineralkälla, som nyttjas till brunnsdrickning, men som håller så mycket kalk upplöst, att där den framrinner, avsätter vattnet en skorpa av kalk, som höjer rännilens bädd och som därigenom hade formerat ett slags mur av kalksten, på vars övre yta vattnet framrann, under det det på sidorna avdunstade ökade såväl murens höjd som vidd. Marken sluttar ganska starkt, så att muren på 100 alnars avstånd från källan hunnit till 5 alnars höjd och visst 3 alnars bredd. Det besynnerligaste härav är, att muren i sitt utväxande träffat en tämmeligen strid bäck och fortsatt att växa utöver bäcken, så att den däröver formerade en bro, men man har måst med konst utvidga öppningen, emedan den blev för liten för det framflytande vattnets mängd i flodtider. Detta fenomen är i första början litet svårt att förstå, men saken är ganska simpel. Fig. 1 föreställer muren, sådan han är, och fig. 2 sådan han var, då

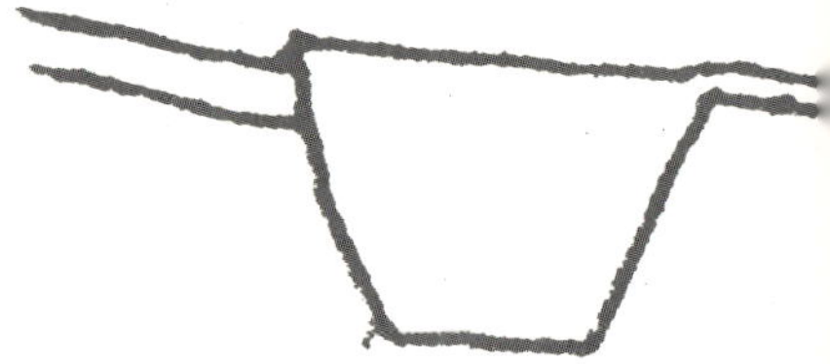

fig. 1.

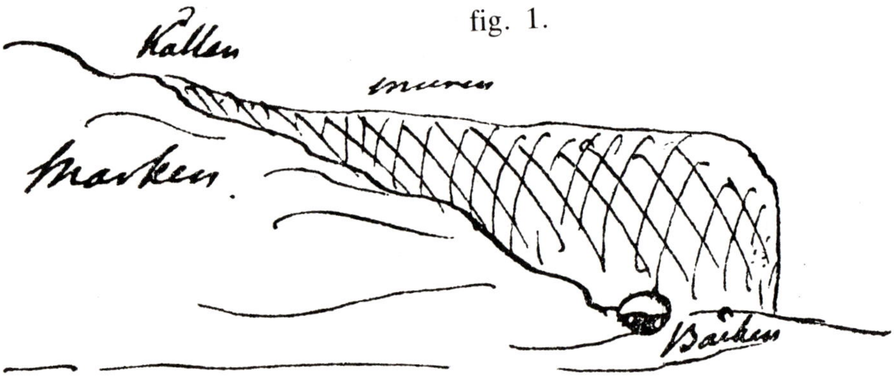

fig. 2.

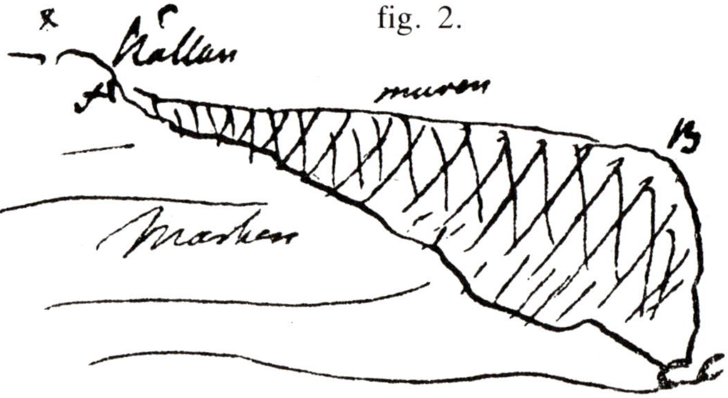

bron bildades. Man inser tydligt, att vattnets lopp var efter linjen *ABC* och att således genom avdunstningen under nedflytandet längs åt *BC* nya kalklager avsatte sig, så att ytan *BC* beständigt flyttades framåt, men slutade alltid nedtill i C vid vattnets nivå i bäcken, därför att båda vattnen där blandades. Småningom har den på detta sätt nått andra sidan. Nu låter man vattnet ej längre följa sin gamla kanal utan leder det på sidan in i en kista, där man låter det med en kalkskorpa överdraga åtskilliga ämnen, som därigenom bilda artificiella försteningar. Denna anstalt ser ungefär så här ut:

Vattnet kommer från källan in i en liten bytta, som innehåller riskvistar för att sila det, och rinner sedan ut ur byttan vid motsatt brädd på taket av en fyrsidig stor låda eller liten kammare, där det genom små hål insläppes i form av ett regn, och då här och där större droppar passera igenom, ställer man därunder stenar, så att droppen stänker runtomkring. Hela detta rum var uppfyllt med varjehanda ämnen. Mitt i stod en uppstoppad get och runtomkring korgar med blomster, fåglar och frukter, mycket tätare tillsamman, än jag här tecknat dem. Lådan hade upptill och nedtill stora öppningar för väderväxling, och kalkskorpan bildades här förnämligast genom vattnets avdunstning. För större föremål, sådana som geten, fordras en tid av tre månader, men för smärre saker behövas endast några få veckor. Vattnet rann nedtill ut och formerade en liten bäck. Detta vatten, sådant det kommer ur källan, håller ganska mycket kolsyra, smakar nästan som Pyrmontervatten och är ljumt. Man hade på stället ett stort magasin av försteningar, opererade genom detta vattens åtgärd, dem man sålde för 1 franc stycket och som fingos inpackade för 30 sous. Vi köpte därav var sin korg för att kunna vid hemkomsten visa effekten av detta den nya världens under.

Från S:t Allyre gingo vi till andra sidan av Clermont att besöka en annan mineralkälla, kallad S:t Marc, nära till byn Royat. På vägen funno vi ett ställe, där ett lavaberg spruckit och ena hälften nedramlat några få dagar innan vår ankomst. Den kvarstående hälften presenterade oss nu lavamassans inre på ett högst intressant sätt. Nederst funno vi en rödbränd vulkanisk massa av urtida vulkaner, varpå Auvergne är ganska rikt. Ovanpå denna hade sedan en ny lavaström lägrat sig, och dennes undersida, varmed den vilade på det undre lagret, var en skrovlig slagg, alldeles som den övre sidan, och som alldeles icke föll in med underlagets ojämnheter, därför att på lavaströmmarna undersidan merendels bildas av den framtill stelnade skorpan, som spricker och vältas under det framflytande, åt vilket den tjänar till ett slags bro. Också finner man i lavans underlag sällan mer än några tum djupa spår av en starkare hetta. Högre upp var massan blandad av basaltisk, d. ä. stenhård lava, av vulkanisk aska, av pimpsten och av vittrade massor, som voro utan ordning blandade om varandra och som icke hade några bestämda gränser emellan varandra; med få ord, lavaströmmen hade fört en flytande mekanisk blandning av alla de ämnen, som vulkanen utkastat.

Vi besökte mineralkällorna vid S:t Marc, som äro varma, d. ä. ljumma, starkt kolsyrehaltiga vatten, vilka drickas varje morgon såsom brunnskur. Vattnet kokar beständigt med fräsning i källkaren, och om man sticker näsan däröver, så vill man kvävas, alldeles som då man sätter näsan i sprundet av en jäsande tunna. Man höll nu på att anlägga badhus, där man badade i vattnet, kommande direkt från källan. Under hemvägen förde oss vår ledsagare till en grotta, efter utseende bildad genom ett jordfall, där flera armstjocka strålar av vatten forsade ut ur bergväggen och formerade en liten vattendamm, varur vattnet sedan flöt ned utför klipporna i form av en sorlande bäck. Anblicken var högst angenäm, men detta minskades likväl, då vår ledsven berättade, att detta vatten genom kanaler ledes till Clermont och utgör stadens allmänna dricks- och matlagningsvatten, vari nu framför våra ögon tre kvinnspersoner lågo och tvättade en mängd svettindränkta bondskjortor. Vi återvände till staden och sökte vårt middagsmål på ett bättre värdshus än vårt logis. Det vi nu träffade, var ganska gott. Det var ett slags table d'hôte, där likväl varje sällskap fick ett bord för sig . . . Vår hederlige ledsagare erbjöd sig att föra oss till Puy de Dôme och Puy de Pariou, vilket vi för följande dagen antogo.

CLERMONT, BERZELIUS HUVUDKVARTER

Några årtusenden efter de geologiska våldsamheterna – vulkanism och nedisning – kom andra orostider som satt sina spår. Kelter, romare, goter, franker och normander bröt i vågor in över Auvergne och strödde i tur och ordning ut sina gener i trakten. De keltiska stammarna fanns där ett halvt århundrade före Kristi födelse och i deras stora rike – romarnas Gallien – kom den lilla byn Nemessos till vid foten av Puy de Dôme. Det var ett heligt berg där kelternas andeväsen hade sin hemort under fem sekler, tills romarna tog över 51 f.Kr. Under romartiden växte byn till en stad – Augustonemetum, kejsaren till ära. Den romerska kulturen bredde ut sig bland gallerna och lämnade efter sig tempel, badinrättningar, vägar, broar och akvedukter. Efter ett halvt sekel gjorde germanstammarna sitt anlopp. Romarriket föll ihop och så kom den gotiskt färgade kulturen. Namnet Clair Mont dök upp på 700-talet och då hade staden redan i några århundranden haft en biskop och fått sina helgon.

Tusentalsbasilikan Notre-Dame-du-Port är ett förnämligt uttryck för Clermonts medeltida anor. Hon är som alla katedraler här nere byggd i lavasten och döljer sin mörka robusta skönhet bland gamla stans gränder. En del av dem slingrar vidare upp till domkyrkan och här trängs sedan gammalt stans myndigheter med en livlig inomhus- och utomhuskommers med allt från möbler, kläder, livsmedel och viner till kärlek och andra nöjen och förnödenheter. Domen, med sin äldsta del från 1200-talet, lemlästades svårt under revolutionen och det var först några decennier efter Berzelius besök som hon fick de gotiska tornspirorna, nu ett karaktärsdrag i Clermont-Ferrands horisontprofil.

Det sägs att Auvergne är känt för sin produktion av vulkaner, ostar och ministrar. Listan måste kompletteras med tänkaren Blaise Pascal, och vi förstår senare under resan att Vercingétorix och La Fayette ska vara med.

Vad beträffar den stränga moralisten, matematikern, fysikern och gudsmannen Blaise Pascal lät han sig födas i Clermont år 1623. I mogen ålder höll han mest till i Paris men det var med en expedition upp till toppen av Puy de Dôme som han visade att lufttrycket avtar ju högre upp man kommer. Själv var han inte skapt för sådana strapatser. Det var hans kusin Florin Périer som tillsammans med tre av stadens notabiliteter kånkade upp med långa kvicksilverrör, barometern som Evangelista Toricelli uppfunnit fem år tidigare. Och så gjordes de höjdmätningar som Berzelius med en liknande barometertyp på ort och ställe ville konfirmera. Pascals hus finns inte kvar, men i detta elektronikens tidevarv, då datorerna på ofattbart kort tid gör ofattbart många räkneoperationer – just nu talar man om hundra miljoner per sekund – står vi i Musée du Ranquet beundrande framför den mekaniska föregångaren, Pascals räknemaskin, ett finmekaniskt mästerverk, hopkommet efter ett otal modellförsök.

Det exemplar som han själv var särskilt nöjd med skickade han i glädjen till drottning Kristina i Stockholm med en elegant hyllning, som är värd att lyssna till: ''Den grad av fulländning, som männen icke kunnat nå, har förverkligats av en ung drottning, hos vilken finns förenade erfarenhetens styrka med ungdomsårens ömsinthet, friheten att studera med den kungliga bördens sysslor, vetenskapens förträfflighet med kvinnligheten.'' Han sänder maskinen för att visa världen vilken ära det var för honom att leva inom ett av hennes härskardömen, vetenskapen, och det är för att ge bevis därpå ''som jag vågar lyfta mina ögon upp mot min Drottning och ge henne detta första prov på min underdånighet''. Allt detta kunde Berzelius inte veta särskilt mycket om eftersom museet i Clermont med sin maskin har kommit till efter hans visit. Kristinas maskin, i sin tur, kom efter hennes abdikation tillbaka till Frankrike men gjorde en kort visit i Stockholm 1966 på Nationalmusei stora Kristinautställning.

Idag är Clermont-Ferrand en medelstor universitets- och industri-

Blaise Pascal (1623–1662).

Place de Jaude i Clermont-Ferrand med Vercingétorix. Puy de Dôme i bakgrunden.

stad. Vulkanforskningen har en naturlig plats vid universitetet, och inom industrin dominerar Michelinverken, som med en ständigt ökande fabrikation av bildäck bidragit till den tillväxt som under vårt århundrade drabbat "la cité du pneu". Det är en glad, vänlig och vital stad där friska fläktar från höjderna av och till rensar gatorna från bilavgaser och den buckliga bergskedjan i väster lockar under vandrande molnskuggor.

Ett studium av gamla tryck på det tjänstvilliga Centre Régional de Documentation Pedagogique förklarar Berzelius helt annorlunda upplevelser; staden hade på hans tid mycket kvar av den medeltida karaktären med de besvärande hygieniska förhållanden som resenären Berzelius noterar.

Medicinaren Berzelius iakttagelse att "goitre", d.v.s. struma, var vanlig bland Clermonts invånare, är ett uttryck för att de rubbningar i sköldkörteln som beror på otillräcklig jodtillförsel ofta förekommer i inlandets bergstrakter. Anmärkningen förtjänar några raders utläggning med tanke på de upptäckter som just vid den tiden gjordes i Frankrike. Det vi kallar för struma kände man till redan under antiken, och i fransk medeltida litteratur finns det beskrivningar av invånare i de franska alperna med väldiga sköldkörtelförstoringar. Man visste också sedan gammalt att preparat från havstång kunde ha fördelaktig inverkan. Men det var först några år före den berzelianska visiten som man fått klart för sig att joden spelar en huvudroll i sammanhanget. Ämnet hade 1813 upptäckts av Dijonkemisten Bernard Courtois som funnit det i askan efter havsalger, men han fick aldrig det erkännandet han var värd innan han dog fattig 1838. I brist på nödvändig laboratorieutrustning hade han anmodat två goda vänner att fortsätta undersökningarna och genom den ene av dem, Nicolas Clément, nådde nyheten både Pariskemisternas och engelsmannen Davys kännedom. Och så kom det sig att Berzelius kolleger Davy och Gay-Lussac oberoende av varandra lyckades visa att jod är ett grundämne. Under det år som Berzelius uppehöll sig i Frankrike började Genèveläkaren Coindet med framgång använda jodpreparat i behandlingen av struma och han torde vara den förste som formulerade jodbristteorin, men den delen av historien kunde Berzelius inte känna till under vistelsen i Clermont.

Med förståelse för mineralkemistens Berzelius intresse för de kalkhaltiga källorna vid St-Alyre, begav vi oss till dessa "under", som nu ligger inom stadens hank och stör på sluttningen mot floden Tiretaine. På en bänk i en liten inhägnad trädgård försjunker vi i stilla kontemplation bland overkliga, vitglaserade djur och människor som med surrealistiskt förstenade attityder agerar i en verklighet av mörk grönska och levande fågelkvitter. Berzelius förkalkade get finns kvar och inne i en förkalkningshåla möter ett lejon som det tog tio år att förstena. Det ständigt kvillrande kalkhaltiga vattnet spolar över hyllor med växter,

Den förkalkade församlingen vid St-Alyre.

Clermont-Ferrand breder ut sig nedanför granitsockeln.

medaljmatriser, fågelbon och duvor, och etablissementet tillhör samma familj som på Berzelius tid. Den unge demonstratören lägger självironiskt på ett extra kol när han får veta anledningen till vårt besök. Vi får i förtroende bland annat veta att sälar är svåra att kalkomhölja på grund av den feta pälsen.

Vistelsen i parken med de förkalkade varelserna gav svalka i sommarhettan som var tryckande och varslade om åska. Våta oväder hör till vanligheterna här och för auvergnesaren hör paraplyet till utrustningen. På hemvägen till hotellet hann vi inhandla ett i lagom tid inför ouvertyren till ett praktfullt åskväder som dunkade runt stan hela natten. Det svepte in hela vulkankedjan i täta slöjor som tycktes dröja sig kvar till dagen därpå, så att vår planerade expedition upp på Puy de Dôme hotade bli lika kall och våt som Berzelius utflykt dit.

DEN 19 JUNI. Kl. 6 på morgonen begåvo vi oss på resan, åtföljda av hr MOSSIER samt hans häst och kärra för att föra vår matsäck och de stenar vi skulle hämta. Vädret var ej vackert. Himmelen var betäckt och berget insvept i moln. Vi hoppades dock, att detta fram på dagen skulle skingras. Vägen gick be-

ständigt uppför, och vi kunde följa stora landsvägen ända till foten av domen, dit vi hunno kl. omkring 9. Vi lägrade oss då i skydd av en buske och inhämtade en rätt försvarlig frukost, vilken nedsköljdes med Frontignan, som hr MOSSIER ur sin källare medfört. Under detta begynte himmelen synas emellan skyarna, och solen gläntade åt oss emellan molnen, större delen av berget begynte synas; men allt detta var tyvärr raljeri. Då vi klockan ½ 11 begynte vårt uppstigande, ökades molnet kring berget, och vi gingo i en beständig dimma. Hela bergets yta är gräsbeväxt ända upp på kullen, och vi måste vada i det våta gräset, våra stövlar och strumpor genomblöttes, så att ljudet av vattnet i stövlarna hördes för vart steg. Berget uppreser sig så brant, att man går nästan som på en torntrappa, vilket gjorde, att vi måste vila på vartannat hundrade steg. ARFVEDSON svor på att aldrig bestiga någon *puy* mer, ALMROTH kunde ej få fram andan, och jag fröjdade mig åt att få stanna, var gång de andra ropade håll. Molnets täthet ökades med höjden; vädret blåste starkt från nordväst, och temperaturen, som i Clermont var +16°, var vid bergets fot endast +10° och på berget endast +8°. Vi hade tagit en herde med oss, som bar våra kapprockar för att kunna sätta dem på oss, då vi skulle stanna. Äntligen efter en obeskrivlig *fatigue* hunno vi bergets spets omkring kl. 1/2 1 eller närmare 1. Vi hade fört med oss en resebarometer, varmed vi ville observera höjden, och vi hade gjort en observation i Clermont, en vid bergets fot och skulle nu trösta oss över vår utstånda möda genom ett bestämmande av bergets höjd över Limagnedalen. Barometern, som var efter GAY-LUSSACS modell, var innesluten i en käpp och omgiven av ett mässingsrör, men oaktat all denna omsorg var han ändå avgången, och vår observation blev ogjord. Detta kostade i synnerhet på ALMROTH, som ägde instrumentet och som hela tiden glatt sig åt att få göra denna observation. Puy de Dôme är det första berg, vars höjd blivit mätt med barometer av PASCAL; det hade i detta fall varit roligt att kunna jämföra vår observation med hans och RAMONDS, ehuru vår visserligen ej hade blivit gjord med samma omsorg som den sistnämndes.* Där stodo vi nu på en rund, kanske 100 alnar bred kulle, skilda från åsynen av hela den övriga världen och från bergets nedstigande sidor ungefär såsom på en liten jordplätt i den omätliga rymden. Gräset var halvalnshögt och skonat av boskapen, som annars betar på sidorna. Inga träd växa på Puy de Dôme; den är slät med undantag av några få framstående klippor. Den har ovantill ingen krater, ehuru hela dess massa är vulkanisk och dess form även är den av ett eldsprutande berg. Det är troligt, att innan den hann öppna sig, frambrast vid dess nuvarande fot en del av de ofantliga, flera fjärdedels mil breda och långa lavaströmmar, på vilken den ser ut att vara ställd. Hela detta ofantliga berg utgöres av en enda stenmassa, som fått namn av domit, därför att den liknar ingenting annat. Vi samlade därav flera varieteter och funno på några ställen, där berget rasat, några mindre, vackra stuffer av järnglimmer, en titanhaltig järnoxid, som sublimeras i springorna emellan betäckningen av större delen vulkaner. Lavan däremot

---

* Clermont ligger 411 meter över havets yta och toppen av Puy de Dôme 1.477 meter. Vi hade således höjt oss 1.066 meter. Vi jämförde barometerhöjden emellan Clermont och foten av Puy de Dôme och beräknade därav, att den senare låg 240 meter högre än det förra; således hade vi därifrån uppstigit 800 meter eller något litet mer än 1/3 fjärdingsväg rakt i höjden, eller ifrån Clermont nästan precis 1/10 svensk mil.

innehåller en ganska stor kvantitet titanhaltig järnoxidul, som man ur dess pulver kan utdraga med magneten. Vi lassade våra stenar på den beskedlige herdegossen, som endast var 14 år gammal och som denna promenad, förrättad i träskor, ej syntes det minsta bekomma. Nedstigandet, oaktat vida lättare än uppgåendet, tog oss omkring 1½ timme. Till slut gingo mina ben helt mekaniskt, förda av kroppens tryckning nedåt; viljan orkade knappt utöva någon inflytelse på dem. Vi vräkte oss på apotekarens flakkärra, väl insvepta i kapporna, och åkte hem. Jag var så trött, att jag varken orkade ligga eller sitta. Av mina giktiga fötters genomblötning hade jag fått ont i huvudet, och då jag hunnit få på mig torra kläder och försökte att sova, tyckte jag alltid i en feberartad dröm, att jag var en disktrasa. I stället för att äta middag, vartill jag hade ingen begärelse, trodde jag min hälsa fordra att taga ett ljumt bad, vilket ock gjorde en snar och god verkan.

DEN 20 JUNI.

SÖNDAG. Vi hade hoppats att följande dag kunna besöka Puy de Pariou, men hela nejden var överhöljd av moln, och regn föll stundtals i Clermont. Vi inställde således denna promenad. Hr MOSSIER hade skaffat oss en ung militär, som skulle bliva vår ledsven under resten av våra resor i Auvergne, som skulle draga försorg om anskaffande av hästar för våra promenader o.d. Han infann sig nu; men vi nöjde oss att från våra fönster betrakta en procession för *la fête de Dieu* och att sedan se en samling av mineralier, särdeles från Auvergne, tillhörig MOSSIERS far. Den var ej så rangerad, att något därav kunde inhämtas. Mot kl. 2 blev vädret bättre, och vi gjorde en liten promenad till häst, ALMROTH, jag och ledsvennen, varvid vi besökte Puy de Montadon samt la Montagne de Royat. Den förra är en liten vulkan, som ej har tydliga tecken till en krater, men från vars summitet en lavaström går ned till foten och slutar där. Den är tämmeligen brant åt alla sidor men är kultiverad till två tredjedelar av dess höjd. Royat däremot är ett granitberg, men där graniten omväxlar med en annan bergart, som jag ej rätt kan göra reda för. Upp vid bergets spets har graniten ävensom den andra bergarten en oändlig mängd av små gångar eller sprickfyllningar innehållande en färglös, genomskinlig och kristalliserad svavelsyrad baryt. Det är svårt att få den ur berghällen, emedan den så lätt går sönder efter sina naturliga klyvningar, men graniten, som vittrar och faller sönder, släpper barytsaltkristallerna merendels hela, och man gräver upp dem ur den omkringliggande jorden och ur de kring toppen varande potatisfälten. Kvantiteten av svavelsyrad baryt i denna jord är ganska stor, men hela kristaller äro ganska sällsynta. Vi hade kunnat uppsamla skålpundtals av detta mineral, men vi funno ingen rätt god kristall. Detta var dock mindre vårt ändamål än att se, huru tungspaten här förekommer. Den är således på intet sätt av vulkaniskt ursprung. Vi återkommo till Clermont kl. omkring 7, då vi slutade vår dag med ett middagsmål, som på samma gång var supé.

Innan jag lämnar denna åt *la fête de Dieu* helgade söndag, skall jag omtala ett rätt artigt spektakel, som stadens barn gåvo oss. En mängd av dem hade vederbörligen helgdagsklädda varit ute på gatorna för att åskåda processionen. Mängden av dem hemkom vid samma tid, och som promenaden bidragit till frukostens digestion, så satte sig de flesta, innan de ingingo till pappa och mamma, att rensa magen näst invid dörren, vanligen i par, en på var sida om dörren, vilket betraktat nedifrån de backiga gatorna frambragte en ganska förträfflig harmonisk tavla.

När vi tidigt på morgonen ger oss upp mot Puy de Dôme har molnen glesnat över bergskammarna. Vi tar vägen genom Royat som numera hänger ihop med Clermont och ligger inkilad på lut i granitsockelns klov. Här har det heta lavaflödet trängts ihop på det glödblästrade underlaget. I den smala granitsprickan skapades en dramatisk blandning av mineral och bergarter, varma källor och flöden av kolsyre- och svavelhaltigt vatten. En kurort växte upp så långt tillbaka i tiden att man inte vet när. Rester av gallernas och romarnas termer finns kvar men nu lockar man också med konserter, casinon, minigolf och tennis. Grottor och källsprång som Berzelius talar om ligger nu i eller under hus inne i staden och några vackra tvätterskor ser man inte längre skölja kläder i Grotte des Laveuses.

När man på serpentinslingorna tar sig vidare uppför förkastningsbranten i dalgången möter Tiretaine med forsar och kaskader på väg ner mot slätten. Färden går genom tunnlar av grönska på de stelnade lavaflödena, ''couléerna''. När vi svänger ut ur det sista lövskogsvalvet uppe på platån dyker Puy de Dôme helt plötsligt upp förvånande nära, svävande

Den beslöjade Puy de Dôme vakar över försommarängarna.

CLICHÉ LOIC-JAHAN, CHÂTEAUNEUF-DE-GRASSE

"En ofantlig och fullkomligt regelbunden, på alla sidor tätt gräsbevänt krater öppnade sig under våra fötter."
Puy de Pariou.

Intill Puy de Laschamp.

på drivor av ginst. Sommaren 1819 måtte ha varit fördröjd och kall, för i Berzelius skildring förekom mycket ylleklåder och inte ett ord om ginsten. Vid den här tiden på året är den nära nog påträngande med sin bolmande gulhet och mättade, sinnligt söta doft, som påminner om gulmårans, fast i några högre potenser. Häruppe på platån omkring dômen tävlar blåeld och lysande vallmo om ögonfröjden. Hit men inte längre tog sig Strindberg upp, eftersom han inte var ute för att samla utsikter; gick istället på krogen, där han fick fläsk, rågbröd och öl. Auvergne är känt för sin bastanta kost och det förvånar mig att Strindberg med sitt känsliga sinne för aromer inte sagt något om den berömda kålsoppan.

Eftersom vulkantoppen ännu håller sig dold i resterna av nattens oväder väntar vi med uppvaktningen och tar en södersväng för att närma oss över ängsmarkerna öster om Puy de Merceur och Puy de Laschamp. I ängarnas luftiga färgmönster leder de lila nyanserna hos storblommig åkervädd bland klöver, vicker, ranunkler, vallmo och fibblor i ett lätt flor av loka, glim, brudbröd och prästkrage. Cikadan knirkar, göken ropar och Puy de Dôme lyfter på hatten.

Medan Berzelius på sin tid måste klättra uppför dômen, kör vi med bilen ända upp till den 1 462 meter höga toppen. Vägen snor sig utefter vulkansidorna som den utvändiga spiraltrappan runt tornspiran på Vor

Frelseres Kirke i Köpenhamn. Med varje varv blir allt fler av vulkankedjans grönklädda toppar synliga för att till sist låta sina skuggade kratrar beskådas i fågelperspektiv.

Puy de Dôme står som ett monument över en rad utbrott lagrade på varandra i tiden. Sena eruptioners magmaflöden täcker tidigare lavor och kratrar i ett komplext mönster. Strukturen hos vulkanbergets innanmäte berättar om dess historia och man vet nu att det var för 13 000–8 000 år sedan som de många konvulsionerna byggde upp dômen. Den för detta vulkanberg typiska domiten kommer från de senaste eruptionerna. Åt norr har man närmast skönheterna Puy de Côme och Puy de Pariou, båda med ett trassligt förflutet. Cômes två mjuka koncentriska kraterringar skvallrar om de två eruptioner som ägde rum på samma plats. Tidpunkten för den första är osäker medan man vet att det andra utbrottet kom för omkring 5 000 år sedan. I betraktande av att vulkanismen i Auvergne debuterade för omkring 50 miljoner år sedan är de ''gamla eldsprutande bergen'' i Chaîne de Puys rena ungdomar.

När romarna drog in i Auvergne övertog Merkurius för en kort tid platsen uppe på Puy de Dôme men så förstördes hans helgedom av goterna. När Berzelius tog sig upp hade resterna av det skövlade templet under halvtannat årtusende legat bortglömda. Det var först drygt 40 år efter hans besök som arkeologerna tog reda på vad som fanns kvar, grävde fram fundamentet och ritade sina fantasifulla rekonstruktioner.

Vi lämnar bilen på parkeringen och går upp till tempelplatsen

Puy de Dôme står obeslöjad bakom den lilla byn Laschamp.

Rekonstruktion av Merkurius tempel uppe på Puy de Dôme.

nedanför TV-masten på den högsta platån. I mjuka vågor och milda blågröna nyanser tonar vulkankedjan ut mot de norra och södra horisonterna. Femtio årtusenden förkortas till nutid och de mänskliga kulturerna som passerat under de senaste tusendena flyttar in i samtiden.

Jag tar upp en skärva av domiten. Templets marmorliknande byggnadsmaterial? Ingalunda. Det finns, som Berzelius säger, många ''varieteter'' och mineralogerna har nu funnit att templet byggdes av en ''varietet'' som hämtades från en annan puy och med svett och möda släpades hit upp. Av respekt för dômen, förmodar vi, som också känner av den.

Där Berzelius och hans vänner pustade ut i ensligheten samlas nu turister i parti och minut och drakflygning är här en populär sport. Just nu kastar sig en dristig yngling ut på den bärande, mjuka termiken över det grönblå djupet påhejad av en skolklass på utflykt. Det finns numera också både hotell och café. Det senare är väl tilltaget för ett massivt utbud av fåniga turistprylar från små rymddockor till vykort med älskande grisar och samlagsakrobatik i siluett och profil till glädje för lyckliga adressater. Nivellerande turistjippon finns det lite varstans i världen, här känns det som en skändning av den ärevördiga dômen.

Motvilligt lämnar vi höjden och rullar nerför spiralen. På återvägen till Clermont-Ferrand känner vi hur vulkanberget håller oss kvar under sin uppsikt. Så har det varit ända sedan vi på nervägen till Auvergne för första gången fick syn på de blånande höjderna bortom La Limagne och

Ett idealiskt landskap för drakflygning.

så skulle det bli ända tills bergstoppen sjönk under horisonten då vi några dagar senare, på väg söderut, över Velays bergskant körde in i Haute-Loire. Det är ett släktdrag som Puy de Dôme har gemensamt med Hekla, Vesuvius och Fuji.

Tillbaka i stan är det lagom att, liksom Berzelius, avsluta dagen med en middag som på en gång är supé. Vi fick inte uppleva någon fête de Dieu, men i fontänbassängen på Place Delille frustar najader och tritoner i ett skummande bad, en kamp om att nå monolittoppen i mitten av kaskaden. Glädjetjut och smaskandet av våta kläder blandas med fontänbruset, och vattnet som skvalpar över bassängkanten rinner i strömmar utefter parkgångarna. En mager yngling når toppkulan, hyllningsropen skallar, de genomblöta ungdomarna lämnar valplatsen och sugs upp i trafiksnurran. Det är tid för en apéritif.

Både den och supén fick vi hos vår vän vulkanologen Pierre Vincent och hans hustru, Jeanne Françoise, i deras medeltida hus utanför Clermont med takbjälkar tjocka som master på en bark och en öppen spis stor nog att stekvända oxar i. Egentligen är han specialist på Krakatau, vars gedigna utbrott för 100 år sedan nyligen firats med ett internationellt symposium på en av de öar som blev kvar. Ett seriösare sätt att hedra en vulkan än då man på 1860-talet vid Napoleon III:s besök i Clermont försökte härma ett utbrott genom att uppe på Puy de Dôme sätta eld på 3000 risknippen dränkta i åtta ton hartsig olja. Det stora svarta rökmolnet var helt osynligt i den mörka kvällen. När vi på nattkröken tar oss hem till hotellet hänger stjärnorna i rymden så som de bara gör på höjder och enligt Berzelius ligger ju Clermont 411 meter över havet.

DEN 21 JUNI. Vi hade beslutat att göra en tur till baden i Mont Dore och att under vägen betrakta detta lands märkvärdigheter. Resan kunde endast ske till häst, emedan vägens ojämnhet och de ofantliga höjderna ej tillåta åkvägar.

Till detta ändamål hade hr GUILLEMAIN, vår ledsven, hyrt fyra hästar à 3 fr. för dagen. Vi stego upp kl. 5 för att först skilja oss vid det osnygga Hôtel de France och till vår återkomst få ett bättre. Vi hyrde således ett rum på Hôtel de la paix, dit vi läto transportera våra saker. Då vi skulle bege oss å väg, hade mannen, av vilken vi skulle få hästar, redan hyrt ut dem, men vi hunno få andra inom en timme, så att vi omkring kl. 8 sutto riktigt i sadeln. ''Riktigt'' vågar jag dock icke säga, ty sedan jag i min ungdom red barbacka för att hjälpa drängarne föra min styvfaders hästar till vatten,

Vännen Pierre Vincent, en vulkanolog i sin ekologiska nisch.

har jag på de sista 25 åren blott två gånger försökt mig i denna verkligt ridderliga övning, nämligen en gång i Stockholm på en långhalsig, mager häst, som vanligen drog vattentunnan i Wernerska mineralvattensfabriken, och sedan en gång i England, då jag i sällskap med den förträfflige SMITHSON TENNANT i skor och strumpor och med paraply en hel dag genomvandrade trakten av Axbridge. Jag kan ej omtala alla de svårigheter, som förefölllo för att 1:o få vänstra foten upp i sin stigbygel och 2:o att kasta den högra så högt upp i vädret, att den hann riktigt över den lilla kappsäck, som var bunden bakom sadeln. Man säger, att allt fordrar handlag, men detta fordrade något mer. Likväl gick det efter några försök lyckligen för sig, sedan ALMROTH och ARFVEDSON fått sitt hjärtans nöje över min ovighet. Nu bar det av, men min kamel var vad man här i Frankrike kallar en hel häst, och ARFVEDSON red på en fröken, som var upptänd av kärlekseld till honom, vilken omständighet kunnat kosta mig arm eller ben, om ej vår skarpsynthet i så god tid upptäckt, vad min häst mente med sina icke tvetydiga åtbörder. Jag höll därföre fronten, under det ARFVEDSON utgjorde arrièregardet, och på detta sätt gick färden lugnt och stilla, så länge vi icke mötte några ston. Då måste vi krångla oss fram, men den stackars älskaren var lätt lurad.

Vi stannade först vid Puy de Graveneire, där vi uppstego på kratern. Den ligger knappt en lieue från Clermont, och man påstår, att dess rätta namn är *grave-noire*, därför att den hel och hållen utgörs av en svart vulkanisk aska, blandad med röd slagg. Den har i toppen en otydlig krater, i vilken lavan ännu är kvar, och den har från östra sidan givit en lavaström, som flutit ned mot Clermonts dal. Till dess västra sida stöter en gammal och ofantligt mäktig *courant* av lava, som är alldeles ovanligt rik på peridot (olivin) och har här och där stora kristaller av pyroxen. Vi fortsatte vår resa öster om vulkanerna Mercœur, Puy de la Vache etc. och väster om den lilla vattensamlingen, som får namn av Lac d'Aydat. Den har uppkommit därigenom, att en lavaström nedflutit i dalen och dämt upp en liten bäck, vars vatten steg, tills dalen blev full och vattnet kunde flyta över lavan. Härefter inträdde vi på ett fält, som får namn av la Cheire och som utgör det samlade lavautloppet från 6 eller 8 vulkaner, som ligga tätt bredvid varandra och som synas hava haft utbrott på samma gång. Den är nära ½ lieue bred, där vägen går däröver, och dess längd från kratrarna ut i dalen, där den försvinner, är flera lieues. Denna är vad man här kallar modern lava till skillnad från den äldre, vartill alla spår av krater försvunnit. Dess yta har ett helt annat utseende än den omliggande marken, och sedd från någon höjd framställer den ganska tydligt bilden av en framfluten massa. Ytan är ruggig, fullspäckad av små bergkullar bestående av en mossig slagg, emellan vilken den slätare ytan är beväxt med glest gräs. Jag föreställer mig, att ojämnheterna därpå äro av likartad natur med dem, som uppstå på det isbelagda havet, och hava uppkommit därav, att stelnade delar av ytan flutit i massan och blivit uppvräkta mot varandra eller strandat på den underliggande grunden, varefter en god del av den ännu smälta lavan flutit undan.

Vi ankommo först kl. ½ 3 till Murols, dit vår första dagsresa var ställd. Murols ligger vid en liten ström i en dal. Vilken anblick, då vi kommo på yttersta brädden

I Monts Dore-massivet.

av berget, där vi började nedstigandet i dalen! Vägen slingrade sig i tusende bukter för att ej vara alltför mycket stupande, och stenhusen i byarna syntes såsom samlingar av vita punkter. Omkring dalen reste sig här och där ofantliga, reguljärt koniska högar och på andra ställen sönderbrutna, bara, brådstörtande basaltberg. Mitt i dalen höjde sig nästan till lika höjd med sidorna därav ett kägelformigt berg, regelbundet såsom format i svarvstol, och på dess spets stod ett av lava byggt, svart, förfallet och övergivet slott, som i forntiden varit en feodalherres borg. Vi nedstego varsamt, och hästarna tänkte stundom ett ögonblick efter, om de skulle våga fortsätta, och efter 3/4 timmes oupphörligt nedstigande anlände vi till byn Murols, där vi stannade utanför ett slags bättre krog med åskrift: "Morin aîné loge à pied et à cheval". Jag vet ej, hur jag kom av hästen, och var så mörbultad av ridandet, att jag hade svårt att stå.

Vi hade tagit matsäck med oss, som nu framdrogs. Kroglikheten i rummet föranlät oss att begära en plats i trädgården, vilket genast beviljades. Det var ett härligt solskensväder, vi sökte skuggan och vände oss åt lövsalen, men o ve! den hade här samma bifunktion som gatorna i Paris, Clermont och alla andra franska städer, och näsan bekräftade snart på avstånd den misstanke ögat givit. Vi måste således begiva oss åt ett annat hörn av trädgården, där en låg mur gav en halv skugga; vi utbredde våra kappor i ett kålland och lade oss att spisa på romerskt vis. Hästryggen hade ej förtagit aptiten, och vi gjorde ett gott mål.

Efter en kort stunds vila bestego vi Puy de Tartaret vid vars fot Murols ligger. Den hade en vacker konisk form och såg nedifrån ut att vara rund i toppen. Dess nordöstra sida var beväxt med lövskog, men den sydvästra bestod ännu nästan endast av lapilli och vulkanisk aska, här och där betäckt med en gles grönska. I toppen funno vi en ganska vid och djup krater av en rätt vacker och reguljär form. Av den västra sidan fattades en del, så att berget sett från detta håll såg ut ungefär som figuren visar, där den prickade linjen utmärker kraterns form. Från bergets sydöstra sida hade utgått en bred och stor lavaström, som vältrat sig ned åt dalen; den liknade mycket den jag redan omtalat, men en del av dess yta var kultiverad och bar råg och korn.

Den syntes dock vara en föga bördig jordmån. Alla de uppstående slagghögarna voro ännu till större delen utan betäckning av vegetation. Vi nedstego genom den utskurna delen av kraterns brädd till dess botten, som nu var gräsbeväxt, och vilade oss en stund, troligen mitt ovanpå en ganska betydlig avgrund, från vilken vi skildes av några famnar stelnad lava. Vi nedgingo därefter utför bergets västra sida, där vi funno ännu en annan dylik konisk bergmassa, dit vi likväl icke uppstego. Dess gräsbeväxta sidor visade här och där bara, sandiga fläckar; vi examinerade sanden och funno även på den från Tartaret vända sidan de beståndsdelar däri, som utmärka vulkanisk sand. Nedanför denna senare hade vi en liten sjö, kallad Lac de Chambon, som på sin tid uppkommit därigenom, att lavan från en på dalens norra sida belägen liten krater nedflutit och täppt avloppet för de vatten, som flöto i dalen, vilket föranlett vattenytans höjning, till dess den kommit jäms med lavans. Sjön höll på att vallas igen, och en god del av dess förra yta var nu en plan, något vattensjuk jord, uppkommen genom nedsköljning av vulkanisk sand och aska från omliggande höjder. Man hade vid sjöns avlopp byggt en damm för att kunna höja vattnet över det igenvallade och därigenom vattna det. Likväl bar det nu en ganska klen vegetation och var, oaktat vattendränkt, mera en lermörja än sankvall. Kratern, varur denna lava kommit, är nu en sönderfallen massa och kallas Saut de la pucelle. Jag vet ej, vilken mö det var, som hoppat härifrån över dalen till Tartaret, men det brukas mycket i Frankrike att ge två motstående kullar namn av *saut*. Så såg jag i sällskap med GAHN i Picar-

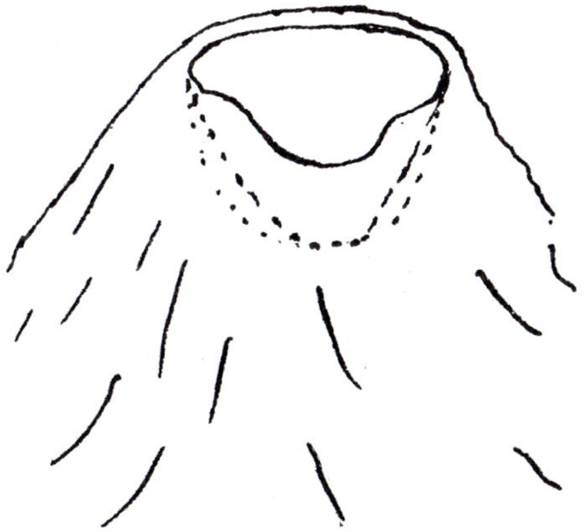

die le Saut du boiteux, som har fått sitt namn därav, att en hare, förföljd av jägaren, kom på spetsen av en höjd, blesserades där i benet och hoppade ½ fjärdingsväg över till ett annat berg, varefter han vände sig om och sade till jägaren: "N'est-ce pas que c'est bien sauté pour un boiteux?"

Vi återvände till byn, under det vi gjorde en promenad kring bergens fot. Klockan var ännu icke mer än sju. Det var för bittida att gå till sängs, men våra knän åter för mycket matta för att göra en ytterligare exkursion. Likväl antogo de efter en stund kapitulation och medgåvo en promenad till ruinerna av slottet i toppen av den i dalen uppstående vulkanen. Vägen dit var någorlunda väl banad, så att det kostade oss mindre möda att gå upp. Slottet var nu den fullkomligaste ruin man kunde se. Dess utsida var likväl ännu till en viss höjd hel. Den hade inga andra fönster än skottgluggar, och all dag hade infallit i rummen genom fönster, som vände sig åt en inuti slottets centrum varande gårdsplan. Här hade alla inväggarna nedstörtat, allt järn och trä var utbrutet, och man såg rummens indelning, kvarsittande spisar och vindeltrappor m.m. Likväl skall det icke vara mer än 80 år, sedan sista ägaren övergav det. Det är icke särdeles gammalt. Byggnadssättet utvisar, att det ej kan vara äldre än sedan 1400-talet; några tillbyggnader voro i en ännu modernare stil. Över dörren till inre borggården satt ännu första ägarens vapen inhugget. Slottet hade troligen blivit mest förstört under revolutionen och ägs nu med sin tillhörande jord av biskopen i Clermont. Dylika slott finnas på toppen av många vulkaner i Auvergne; de äro alla utan undantag förstörda och stå kvar likt regnbågen såsom minnesvårdar av den troligen ej återkommande, rysliga tid, då den fredlige bonden i dalen måste våga livet för att försvara sin bestaktige borgherre eller för att hämnas det ovett, denne ofta fick av sin granne, som trodde sig lika stark eller starkare. Vi svenskar, som sedan fylkis-tiden ej haft några feodalherrar, se dessa gamla falknästen endast med känslan för ruinerna, men det är roligt att se fransmannens livliga rysning, då han talar om dem; han har ännu en ärvd känning kvar av feodalismens ända till senare sekler i Frankrike sträckta våldsamheter.

Det var redan nära mörkt, då vi återkommo kring kl. 9.

Frankrike har ej våra midsommarnätter. Vi blevo logerade i ett med tre sängar försett rum, som liknade anderstugan i våra bondgårdar, såsom det ena bäret liknar det andra. Den enda olägenhet vårt logis medförde, var, att stallet var därunder och skildes endast med brädgolvet; detta gav oss en ganska hälsosam stalllukt, vilken i synnerhet ARFVEDSON fick njuta i första hand, emedan en ifrån stallet uppgående trappa, vars övre del blivit till annat ändamål använd, slutade sig direkt inuti hans säng, vilket man likväl icke kunde utifrån se.

DEN 22 JUNI. Vi uppstego klockan 5, stego till häst och gjorde en promenad längs åt strömmen i Murols-dalen för att där se åtskilliga märkvärdigheter av lavans läge, vilket enligt vår itinerär skulle finnas blottat av vattnet. Vår ledsven misstog sig om den bättre vägen och förde oss på en högst obanad stig, där tvenne av hästarna höllo på att bryta av sig benen, därigenom att vissa små terränger på sidan om stigen voro så indränkta med vatten, att hästen med benet sjönk ned till magen däri. Vi fingo lyckligen upp hästarna utan någon värre händelse och återfunno efter en stund den rätta vägen. Vi fortsatte promenaden ett stycke längre fram. Vi funno då en ganska intressant position av lava. Ett litet granitberg, där graniten var alldeles obetäckt, var kägelformigt upprest men oregelbundet, emedan stenblocken ej medgivit den reguljära formen, och på dess södra, åt dalen vända sida låg en naken *coulée* av lava, som syntes hava utkommit något nedom bergets översta spets och flutit ned mot foten, som den likväl icke riktigt uppnått. Den var mittpå ganska tjock och mäktig, men på sidorna var den endast ett kvarter djup, där den slutade. På flera ställen hade sprickor och fall frambragt genomskärningar både av lavan och granitberget, så att vi kunde se deras läge på varandra. Mittpå couléen, där den var tjockast, uttogo vi delar av lavans nedersta yta och granitens övre, vilken visade alla tecken av att hava varit glödgad och var lösbränd. På sidorna däremot, där couléen var mindre djup, hade graniten ännu sin naturliga färg och fasthet, men den hade spruckit i skåliga avlossningar under lavan, alldeles såsom det händer, när man gör upp eld på ett gråstensberg. Här syntes för övrigt inga tecken till en krater, det är till ett ställe, där gaser utbrutit och aska utregnat. Dalen blev framför oss bredare, och det syntes långt till nästa ställe, där något varit för oss att hämta, så att vi härifrån vände om. Just som vi höllo på att packa in våra stenar, red oss förbi en kavalkad, bestående av två eller tre gendarmer och en herre med plymer kring hattbrämet. Vår ledsven sade oss, att det var underprefekten. ARFVEDSON hade ridit litet förut; då sousprefekten red förbi honom, sade han: ''Er häst har fallit omkull i lorten''; ARFVEDSON svarade ja, varpå prefekten vände sig till sitt medfölje och sade: ''C'est un anglais.''

Vi togo en liten frukostrisp i Murols och begåvo oss på vägen till Mont Dore. Vi måste åter rida upp ur dalen för att över ännu andra berg kroka oss fram till la Vallée des bains. Vi foro förbi le Puy de Sancy, som är ett av de högsta bergen i Auvergne, och Puy de la croix Morand, som utgör medelpunkten för de auvergneska vulkanerna, och anlände efter några timmars ridning klockan 3 till byn, där baden äro belägna. Vi voro nu så trötta, att vi gingo att lägga oss för en timme eller något mera, varefter vi beslöto att stiga upp på Mont Dore. Detta är likväl alldeles icke ett enda berg, det är däremot en sammanhängande kedja av idel vulkanprodukter, som innesluter många dalar, av vilka den, där baden finnas, är den största. På denna i flera direktioner krökta bergsrygg finnas flera pikar, av vilka Puy de l'Aiguilette, Puy Ferrant och Puy de l'Angle äro de högsta. Vi kapitulerade med vår ledsagare att föra oss de bekvämaste vägar han kände, vilket han i så måtto uppfyllde, att jag aldrig i min livstid gått dem värre och farligare. Vi besågo först la Cascade du mont Dore, som är ett litet vattenfall av kanske 1 alns eller 3 fots bredd, som faller rakt utför en brådstupande bergvägg och på nedre hälften av sitt fall blir osynligt, därföre att det upplöser sig i ett regn av större eller mindre droppar. Då man står nedtill och ser den efter utseënde smala vattenstrålen i höjden, så kan man ej begripa, hur därav kan uppkomma en så vattenrik och forsande bäck, som den man ser bildas framför sina fötter. Bergets övre del utgöres av en mäktig coulée av porfyrartad lava, som innesluter en mängd till och med ganska stora fältspatkristaller av den art, som kallas glasig fältspat. Detta lag vilar på ett ännu äldre, ävenledes vulkaniskt lag av vittrad pimpsten, som således, långt innan porfyrlavan framflöt, hade existerat och varit utsatt för luftens åtkomst. På de högsta spetsarna av denna bergsrygg ligger samma porfyrartade lava; dessa äro de högsta spetsarna av Frankrike, och vulkanprodukterna äro här så mäktiga, att den granit, varpå de vila, endast på ett och annat ställe i de djupaste dalarna sticker fram. Man finner icke mer spår till de kratrar, ur vilka dessa massor, dessa ofantliga slagghögar blivit utkastade; det är klart, att de ställen, från vilka lavan utflutit, måste hava legat ännu högre och att det ställe av jordytan i urtiden haft ännu högre eldsprutande berg, vilkas av lös vulkansand vanligen bestående kratrar blivit av senare vulkaners utbrott och de därav orsakade jordbävningar kullstörtade och sedan av vatten nedsköljda i dalarna. Då man i inbillningen föreställer sig de fenomen, som nödvändigt måste hava föregått utvräkningen av så ofantliga bergmassor ur jordens inälvor, bävar man tillbaka. Var jorden då ännu bebodd av människosläktet? Man har ännu inga data att besvara denna fråga, dessa fenomen äro äldre än all historia, men så mycket är visst, att vulkanprodukterna på intet ställe betäckas av de jord- eller stenmassor, som vid jordens ytas stora revolutioner fått sin närvarande form och läge; de äro yngre än alluvialjordens bildning, ty där lavan nedrunnit i dalarna, vilar den oftast på alluvialjorden. Den jord, vari gräset nu växer på lavans yta och kraterns yttre och inre sidor, är en följd av den brända massans långsamma vittring och sönderfallande. Med allt detta är det oändligt angenämt att se dessa talande minnesmärken av fornvärldens händelser och att någorlunda kunna här och där utleta meningen av deras språk.

Från kaskaden förde vår ledsven oss över en ganska brant sluttning berget uppför, där vi till slut måste klättra i den tvära branten och där ett felsteg hade nedvräkt oss sönderstyckade till dalens botten, så mycket mer som den kala klippan gav intet handfäste och allt berodde på jämvikten och knänas styrka, vilken redan var medtagen. Vi kommo dock slutligen upp på berget, som där hade en föga sluttande, gräsrik plan, där fårhjordar betade. Vi gjorde efter en stunds vila en promenad längsefter en djup ravin, som vi ansågo för besvärlig att passera, och kommo till foten av en oregelbunden höjd, kallad Puy de Cacadogne; här låg snö ännu kvar i groparna. Vi vände sedan vår promenad i norr, där vi hade för oss en efter utseende ej särdeles hög och regelbundet kägelformig pik, vid vars fot låg en annan bredare och plattare. Vi beslöto att bestiga den högre för att därifrån bese den omgivande vulkantrakten. Men detta arbete var svårare, än vi förmodat. ALMROTH tröttnade på fjärdedelen av höjden; ledsvennen och ARFVEDSON gingo förut, och jag kom under begagnande av täta viloställen ganska långsamt efter. Det är otroligt, vad den runda, regelbundna formen bedrager ögat och vad höjden ser obetydlig ut; dessa koner äro överallt beväxta med gräs och presentera efter utseende en så angenäm uppväg, att de riktigt locka en till sig, men om man då på dem ser något föremål av bekant storlek, då först märker man det ofantliga avståndet. Boskapen, som betar på sidan av en sådan höjd, som man efter ögonmått tror sig kunna löpa över på 20 minuter, ser ut som små prickar, som man icke väl urskiljer, att det är boskap, om man icke visste, att det så vore. Då jag under uppstigandet på Puy de l'Angle – så hette denna bergshöjd – såg upp åt ett ställe, som efter ögonmått ej borde vara mera än 30 alnar ifrån mig, såg jag ARFVEDSON och GUILLEMAIN såsom små barn sträva emellan tuvorna uppför. Efter betydligt mer än en timmes strävande hann jag äntligen toppen, men solen hade just då gått ned, jag var mycket varm, och en kall nordanvind strök över bergtoppen. Anblicken av det omkringliggande landet var förträfflig. Dess gröna färg, som man fann så fullt grön, då man skådade nerifrån upp eller längsefter fälten, var nu mindre grön, och man tyckte sig se en öken av rödbränd jord, från vilken en mängd gröna, kägelformiga kullar höjde sig. Dalarna syntes ej mer; deras hus och deras bördiga fält voro dolda av de lägre och plattare bergen, vilkas övre ytor gingo ihop till en gemensam yta i åskådarens öga. Jag kunde blott ett par minuter uthålla på toppen, och vi återvände ned. Nedgången var obeskrivligt lättare, men dess längd blev ändå tröttande, emedan vi för att ej gå den gemena uppvägen tillbaka måste gå på andra sidan ned, och där var höjden nästan dubbel. På tuvorna runtomkring växte *anemone vernalis*, en av södra Sveriges majblommor. – Det var nära mörkt, då vi hunno till bergsfoten, det vill säga till första platån, varifrån vi hade ännu en lång nedväg. Jag måste nu taga vår ledsven under armen för att kunna fortsätta tåget, och vi stannade att vila vid en så kallad barack på nedre platån. Dessa baracker äro små träkojor till nattläger för herdar, som på bergen valla boskap. Herdarna hyra under sommartiden kor från hela slättlandet la Limagne, som ej har bete och således saknar sommarföda åt boskapen, och betala en napoleond'or för var ko, varemot de begagna hennes mjölk och tillverka därav smör och ost. En sådan barack uppsättes då i centrum för betesplatsen, och man gör där ost och smör av mjölken efter 200 till 600 kor. Mjölkvassla och bröd utgör herdarnas föda, och vad de ej kunna förtära av vasslan användes att föda svin med, så att varje barack har med detsamma en ganska stor svinstia. – Vi smakade på vasslan, varav vår ledsagare drack ett par duktiga skålar för att styrka sina ben, varefter vi nedstego från platån till baden. Denna nedväg var ett i sicksack gående stenrös, sammansatt av lösa, lättrörliga, kantiga stenar, så att vi här hade att utstå nya mödor för att komma ned. Det var alldeles mörkt, då vi nedkommo.

Vi hade innan uppgåendet betingat oss bad i det varma källvattnet, men badaren, som tyckte, att det var för sent, ville inga giva, förebärande, att ett rör gått sönder; som jag kände brunnsmästarelättjan, anade jag, att det här var blott ett förebärande, och bad vår ledsven begära ordres från brunnsläkare, vilka erhöllos, och vi fingo genast bada, vilket jag ansåg ganska nyttigt för vår hälsa efter så mycken fatigue och så mycken omväxling av köld och värme. Baden äro så inrättade, att vattnet ur källan rinner direkt in i badkaret på ena sidan och ut på den andra, så att en beständig ström av vatten växlar omkring kroppen. Vattnets naturliga värme är + 46°, men det hade här ej mer än + 42°, emedan det blivit avkylt i kanalerna, som föra det till badkaren. Det kändes i början för varmt, men var sedan rätt angenämt. Innan jag steg in i badet, smakade jag på vattnet, som hade alldeles smaken av Spaa-vatten eller snarare som en blandning av mycket Selters-vatten med litet Spaa-vatten. Sedan jag suttit en stund, kände jag en kvävande tryckning över bröstet, vilken jag genast fann härröra av den starka inblandningen av kolsyregas i den luft jag andades; jag steg genast upp och fann mig därav lindrad, ehuru det ännu mycket fortfor, emedan dörren till badrummet var tillstängd och luftombytet utifrån således för knappt. Det gick likväl över, sedan jag varit en stund ute i fria luften. Denna dagens kroppsbemödanden voro de starkaste jag minnes mig hava utstått. Vi sovo också rätt gott ända till mot klockan 8 följande dag.

Auvergne har berglandets lockelser. Man frestas ta sig över bergskedjor för att på andra sidan möta överraskningar. En utflykt på förträffliga bilvägar från Clermont-Ferrand västerut till den gamla kurorten Le Mont-Dore är att på en timme inom 50 km förflytta sig till en annan värld. En värld, på sommaren insvept i den letargiska atmosfär som är typisk för vallfartsorter för sjuka och lidande, och på vintern tillhåll för dem som vill visa sitt mod i bergmassivens slalombukter. Vägarna till Le Mont-Dore i "badens dal" slingrar över en bucklig bergsplatå mellan vulkanrester av skilda fasoner för att sedan stupa ner i den trånga dalen vid foten av den nakna vulkanjätten Puy de Sancy. Liksom Berzelius äntrar vi granitsockeln nära den 25 000-åriga Puy Gravenoire med sin tegelröda vulkanaska. Bilen hänger följsamt i vägens krokar och vi korsar Les Cheires, den skogbevuxna skrovliga ytan av den stelnade lavaflod som från ett knippe vulkaner i nordväst i en vid båge vällde ner mot La Limagne. Vegetationen har haft drygt 8 000 år på sig sedan det dramat gick av stapeln med Puy de Lassolas och Puy de la Vache som huvudaktörer. Vi beslutar att, liksom Berzelius, besöka dem på återvägen från Le Mont-Dore. Beteckningen Cheires för de oländiga markerna anses vara släkt med det spanska Sierra som är ett uttryck för samma sorts natur. Den lilla sjön Lac d'Aydat kisar som ett ljusblått öga mellan mörka åsar och det skogklädda lavaflöde som hindrat sjön att tömma sig. I byn Aydat på den soliga strandkanten nedanför ett basaltstup har några bybor samlats för att spela boule. Kloten klapprar i ensamheten, några tafatta klockslag kommer från den förfallna medeltidskyrkan som verkar bortkommen i grannskapet av en modern turistanläggning för allehanda vattensport. Och så bär det uppåt igen. Däruppe på kanten av åsen, dit serpentinvägen för, står en rad svarta kosiluetter mot den duvblå himlen.

Genom ginstskyarna tar vi oss dit upp. Då Sancymassivets glaciärer dyker upp framför oss håller Puy de Dôme fortfarande ett vaksamt öga på oss bakifrån, över Lac d'Aydats dalsänka. Horisonterna är nu öppna kompassen runt och slänterna är garnerade med glänsande boskap; rödbrokig Montferrandaise, Allierdalens vita Charolais och kastanjebrun Sâlers från Cantal, trogna producenter av råvarorna till ett spektrum av Auvergneostar.

"Auvergne är det land där det finns fler uppförsbackar än nerförsbackar." Att den gamla kvinnan från trakten hade rätt fick Caesars legionärer erfara. De orkade i 500 år, sedan blev det auvergnesarna själva som i två och ett halvt årtusende stod ut med knoget. Berzelius fick på sin kärlekskranka häst också känna av stupen. Vi förstår honom då han uttröttad och mörbultad red ner i dalen vid Murol, där den mörka riddarborgen från sitt strategiska läge uppe på en basaltklippa behärskar omgivningen.

Lac d'Aydat vars avflöde hejdats av de stelnade, skogklädda lavaflödena.

Det är möjligt att slottet fortfarande ägs av biskopatet i Clermont-Ferrand. I varje fall är det en tvivelaktig tillgång, i bedrövligt tillstånd redan på Berzelius tid. Det är likadant med många av dessa medeltida riddarborgar härnere som med alntjocka murar och i förhoppning om ett evigt liv restes högt uppe på av naturen formade fundament. En del har som Murol, Polignac och Tournoël blivit pittoreska ruiner, andra har helt försvunnit, bland dem själve Jean de Berrys borg i Riom med sina tornrum för vilda djur. Han bidrog till sin egen olycka genom att utarma sina underlydande och förbygga sig på alla de vackra slott som han till vår fönöjelse lät avbilda i praktverket "Très riches heures". Till råga på olyckan gifte han sig vid 60 års ålder med den 12-åriga grevinnan av Auvergne, vilket enligt ryktet föranledde mycket trassel, och så dog han utfattig.

Murol kom till på 1200-talet och tillhörde några hundra år familjen d'Estaing, vars gloriösa huvudsäte ligger längre söderut, deklinerade sedermera till fängelse och blev under revolutionen ett tillhåll för allmänt suspekta individer. Ruinen ligger som vuxen direkt ur basaltklippan och härifrån låter sig Berzeliusresans närmast följande mål, Puy de Tartaret, väl beskådas. Tartaret som är en raggigt skogbeväxt ungdom på 10000–13000 år har spytt i omgångar och Berzelius har i sin teckning ganska väl återgivit utseendet hos den sista mot söder inrasande kratern. Vi lämnar slottsruinen på basaltpelaren och rullar ner i byn Murol som

Bortom höjdplatån vid Zanier dyker det snöklädda Sancymassivet upp.

Déjeuner i Murol intill bäcken med det smeksamma namnet Couze och resterna av Château de Murol i bakgrunden.

La Dent du Marais.

ligger på Tartarets skrovliga lavabädd. Mot bergen i norr öppnar sig en dalgång, platsen för ''Saut de la pucelle'', som kom Berzelius att undra över vilken jungfru det var som hoppade och varför hon gjorde det. Jag fick veta att det var den unga vackra herdinna som en gång för länge sedan jagades av en älskogskrank junker från slottet Murol, enligt somliga sonen till slottsherren, men det kan vara elakt förtal. Att herdinnan ville rädda sin jungfrudom är däremot säkert. Hon flydde genom skogarna och över bergen och jakten drev henne till branten av den hundra meter höga skarpa toppen La Dent du Marais. Där återstod för henne bara ett val, att hoppa. Det kunde ha blivit ett sorgligt slut men en ängel kom svävande, fångade henne och förde henne varligt ner i dalen. Här försvinner den unge riddaren ur handlingen, förmodligen i häpenheten. Men historien är därmed inte slut, för nere i byn berättade flickan om händelsen. Ingen trodde henne, man menade att det som hon berättade var en omöjlighet. Då bad hon alla komma med ner i dalen, gick upp på bergstoppen och hoppade igen. Men nu kom ingen ängel och hoppet fick ett sorgligt slut. Byborna gick hem, förmodligen nöjda med att ha haft rätt. Men sensmoralen är väl att unga vackra herdinnor må vara rädda om sin jungfrudom men akta sig för att skryta med saken.

Le Capucin – en profil med karaktär – och Sancy från Monts Dore-massivets höjder.

Nu bär det iväg uppför igen. Upp till Puy de la Croix Morand, en av topparna i Monts Dores vulkanmassiv som Berzelius talar om.

Hon hade rätt, min vackra isländska väninna, när hon förutsade att Auvergne skulle påminna mig om Island; horisontlinjerna, de nakna vulkanskallarna, färgerna och vinddraget i den låga växtligheten. Det var för några år sen jag fick vara med om ett vulkanutbrott och upplevelsen är ett stöd för fantasin, då den famlar bland olika föreställningar om Centralmassivets dramatiska skapelsehistoria. Det var Hekla som höjde rösten. Efter den första signalen, en milshög gaskvast, spydde hon aska, lava och allsköns gaser ur en kilometerlång läcka i sin kölformade rygg. I ett litet plan flögs vi ut mot kratern för att se hur den glödande degen vällde ut och åt sig fram över de tidigare lavaskiktens vegetation och hur den långsträckta rökbarriären, som tillsammans med flammorna steg ur eldgapet, veks åt sidorna för att kavlas ut till ett tak över omgivningen. ''Solen blev svart som en sorgdräkt'' och jorden bäddades i aska. Efter några dagar lugnade sig Hekla. Dröjande och tveksamt börjar ny växtlighet söka sig upp i det nya ytskiktet om de geologiska krafterna ger tillräckligt lugn. Det var en skapelseakt där dessa hekatomber av kvävande sot och aska var mest skrämmande.

Man säger att luften i Auvergne är friskt syrlig som dess vin och ost. Det är en syrlighet som ur den vulkaniska askan och slaggen lockat fram en praktfull grönska på åsarna och slänterna, så rik att den för oss lekmän döljer många av de geologiska märkvärdigheterna. Här och var i vulkanslänterna ligger enorma skikt av aska blottade. Denna ''pouzzolane d'Auvergne'' som skiftar från varmt tegelrött till chockartat svart har fått sin benämning från Pozzuoli (franska Pouzzoles) i Italien där vulkanen Solfatara står för den italienska produktionen. Från antiken lärde man sig konsten att använda denna underjordens cementliknande produkt både som vägbeläggning och byggnadsmaterial. Det talas om att den årliga produktionen i traktens ''pouzzolanebrott'' rör sig om 700000 ton och att vulkankedjan lär stå för ett lager på 700 miljoner ton. Här och var tittar glimmande vita brottytor fram som överraskningar i bergbranternas gröna ymnighet. De är frilagda bulliga körtlar av pimpsten, detta vulkaniska glas som vid eruptionerna blåsts upp till skum av gaserna i magmans heta silikatblandning.

Vår tids isländingar påminns ständigt om jordens heta innanmäte. Härnere i Centralmassivet har det veterligen inte varit några vulkanutbrott på 3500 år men gedigna jordbävningar har auvergnesarna fått känna av då och då. Riom, som redan på 600-talet fick både kyrka och helgon och på 1200-talet var Auvergnes administrativa centrum, raserades helt av en jordbävning under samma årtusende. Omförmälde Jean de Berry var med om att under det följande århundradet åter bygga upp sin stad.

Att Auvergne föddes i vulkanisk vrede har man en stark känsla av här i Sancy- och Monts Dore-massiven. Berzelius tycks ha haft klart för sig att dessa stelnade vågor är slitna monument över en vulkanism av förhållandevis gammalt datum. I själva verket visste man då inte något om deras ålder och inte heller om när våra förfäder började uppträda på den här scenen. Man förstår hans ''bävande'' undran över om det fanns några mänskliga varelser som kunde ha bevittnat det kraftspel som reste monumenten, en undran som innehöll en rad frågor som först så småningom kunnat besvaras.

Kort sagt, det började i Frankrike drygt ett decennium efter Berzelius vistelse i Auvergne. En diplomat, officer, författare och amatörarkeolog, Jacques Boucher de Crèvecœur de Perthes övervakade schaktningsarbeten i Sommedalen och fann då märkligt formade flintstenar i samma jordskikt som fossil av utdöda djurarter. Han hävdade att det rörde sig om verktyg tillverkade av människor som levt samtidigt med dessa djur tusentals år tidigare än man då föreställde sig vara möjligt. I Frankrike låtsades man inte om hans arbeten, bland annat därför att de hotade de föreställningar som den dominerande Cuvier stod för. Trots att liknande fynd både i Belgien och England talade för Boucher de Perthes slutsatser, slog de inte igenom förrän på 1850-talet. Då hade en av geologins portalfigurer, Sir Charles Lyell, banat vägen för de stora talen gällande jordens ålder och därmed också förlängt tidsaxeln bakåt för människans möjliga tillvaro på arenan.

Under 1850- och 1860-talen tog intresset för ''den fossila människan'' fart. Vid ett järnvägsbygge i den romantiska dalen Neanderthal nära Düsseldorf hittades ben och verktyg efter den tidiga stenåldersmänniska som kom att få dalgångens namn och betraktas som representant för de första européerna. Så följde de berömda grottfynden nära Les Eyzies i Dordognedalen, lämningar efter vår förfader Cro-Magnon.

Numera har man en lista på 70–80 fyndorter i Europa som levererar material för den pågående utforskningen av världsdelens första invånare och det verkar som om Frankrike för närvarande ståtar med de flesta fyndorterna. Men det dröjde länge innan man kunde få svar på frågan hur länge våra förfäder hållit till i dessa trakter och datum för Centralmassivets vulkanism. Det var fransmannen Becquerels nobelprisbelönade upptäckt av den spontana radioaktiviteten som sedermera – fram emot mitten av detta århundrade – förde till metoder lämpade för säkrare datering av jorden och företeelserna på vår planet.

Vi har först så småningom fått vänja oss vid de riktigt stora talen och man anser nu att vår jord är 4,6 miljarder år gammal. Mot bakgrunden av att de äldsta bergarterna på planeten tycks vara 4 miljarder år gamla är vulkanmassiven här relativt unga, eftersom de äldsta i Monts Dore har en ålder på 2,5 miljoner år och Sancy bara 250000 år. Chaîne de Puys vulkaner – som daterats med liknande metoder – ter sig i det tidsperspektivet – som sagts – purunga med sina 40000–3 500 år.

De förhistoriska människorna av Neanderthaltyp anses ha funnits i Eurasien och Afrika redan för bortåt 100000 år sedan, medan perioden för Cro-Magnon, våra närmaste förfäder, tog över för omkring 35000 år sedan. Som vi senare skall se har vi inför Berzelius fråga till hands nyligen gjorda dateringar av material från Chilhac som visar att människoliknande varelser funnits här redan för nära två miljoner år sedan och sålunda bevittnat de geologiska våldsamheterna. Men det gäller ju också ''förmänniskan'' i Östafrika när hon för 3 miljoner år sedan lämnade efter sig fotspår i vulkanaskan liksom nutidsmänniskan i de områden på jorden där vulkanerna nu är igång.

På Berzelius tid måste avstånden – i tid och rum – till jordskalv och vulkanutbrott ha förefallit större än för vår generation. De senaste decennierna har givit oss en begynnande kunskap om de stora tektoniska plattornas rörelser på jordens heta inre och om vad som händer utefter gränserna mellan plattorna. Den moderna seismografin har gjort oss medvetna om den ständiga oron i jordskorpan. Det sägs att omkring 600 vulkaner för närvarande är aktiva och i ett område utanför Japans östkust registrerades nyligen under en vecka nära 3000 jordskalv och av dem var ett 60-tal tillräckligt starka för att man skulle kunna känna av dem. Vulkanism har människan alltid levt med, den är en del av den ständigt pågående skapelseakten.

DEN 23 JUNI. Vi gjorde kring klockan 9 en visit hos badets brunnsläkare, dr BERTRAND, som jag förut kände genom några kemiska avhandlingar. Han tog ganska vänligt emot oss och erbjöd sig att om en timme föra oss omkring för att visa oss brunnsinrättningen. Vi gjorde emellertid en liten promenad till kaskaden, där vi undersökte bergets blottade lägsta

Puy de Sancy.

varv. Det var en sönderfallen pimpsten, som i första påseende såg ut som en ojämn, lerblandad sand; bädden hade på sina ställen fått rämnor, i vilka den sedermera därovanpå utflutna lavan nedsjunkit och fyllt dem, så att de nu stodo alldeles såsom gångarna i våra granitberg. Den däri nedflutna lavan var basaltisk ävensom det ovanliggande stratum, varefter slutligen kom lagret av den porfyrartade lavan, som utgör högsta varvet.

Dr BERTRAND förde oss först till det så kallade Caesars bad. Det är en varm källa av kolsyrehaltigt vatten, vari innehålles något järnoxidul, något kalkjord och mycket natron, förenat på en gång med kolsyra och kiseljord. BERTRAND påstod, att den tillika håller lerjord. Jag tog av den skorpa av ockra, som inkrusterar dess avlopp, för att vid lägligt tillfälle undersöka, om, som han påstod, lerjord finnes däri. Det är denna källa, som ger vattnet till det badhus, där vi badat. Källan är omgiven med en 2 alnar hög och lika bred tunna av trä, från vars övre tredjedel ett rör av 3 till 4 tums diameter nedför vattnet till baden. Den är överbyggd med ett litet runt, välvt stenhus av huggen lava, som redan romarne uppsatt, under det de innehade det forna Gallien. Källan framkommer emellan basaltpelare, av vilka romarne undanröjt så mycket, att de fått en jämn plan för husets uppförande, vilket därigenom står i en i berget inhuggen nisch, som dock ej ovantill betäcker det; man tror, att detta arbete skett redan i CAESARS tid, varav källan också har sitt namn. Atmosfären i detta lilla brunnshus är oändligt ohälsosam och rikt belastad med kolsyregas, som i stora blåsor uppstiger ur vattnet; dock är vattnet vida ringhaltigare på kolsyra än det, som vid S:t Marc framkommer nära till Clermont, vilket beständigt är i full fräsning genom gasens bortgående. Den andra källan ger ännu mer vatten; den framkommer något längre ned genom en mängd särskilda ådror, som förmodligen endast äro särskilda smärre utlopp av en gemensam större åder. Romarne hade där uppfört en byggnad i rektangulär skapnad av 8 alnars längd och 6 2/3 alnars bredd med ett välvt tak. I ena ändan av detta hus låg en bassin av 4 alnars längd, 2 2/3 alnars bredd och ungefär 1 alns djup; den var delad i fyra särskilda avdelningar. Denna byggnad var nu borttagen för att i stället uppföra en vida större och mera för den större mängden av brunnsgäster passande badsalong. Byggnaden var redan påbegynt, men väggarna, som omgivit badkaret, voro ännu icke nedbrutna. BERTRAND visade oss däri en mängd inkrustationer av kalcedon, som blivit bildade på tidens längd av den i vattnet innehållna kiseljorden och varav vi togo några specimina. Den tredje källan har fått namn av S:te Marguerite. Den framkommer några få alnar söder om Caesars bad och några fot högre upp. Den är kall. Dess vatten smakar som kolsyrevatten, till 3/4 mättat med kolsyregas. Den är icke överbyggd utan synes vara lämnad åt sig själv. Man begagnar dess vatten föga. Den fjärde kallas fontaine de S:te Madeleine. Den framkommer lägst ned och framspringer med en vattenstråle i en liten snuskig, fyrsidig byggnad. Den är också kolsyrehaltig och varm. Den nyttjas till brunnsdrickning. Se här en analys av de två förnämsta vattnen, som BERTRAND anställt och vars beskrivning han hade den godheten att utriva ur sin tryckta avhandling om les bains du Mont Dore. Kvantiteten är 26 liter.

	La Madeleine temp. + 42°.	Grand Bain temp. + 43°.	
Kolsyra (fri)	6.905	3.452	gram
Kolsyrat natron	10.040	10.624	"
Svavelsyrad natron	3.028	2.656	"
Saltsyrat natron	7.602	7.808	"
Kolsyrad kalk	6.162	7.330	"
Järnoxid	0.584	0.212	"
Lerjord ?	3.293	2.071	"
Kiseljord	–	1.593	"
	39.632	38.242	"

Lerjord är någonting ovanligt i andra än rent alunhaltiga vatten, så mycket mer som ingen syra finnes angiven, varmed den kunnat vara förenad. Också finnes i dr BERTRANDS beskrivning ingen omständighet, som visar, att hans lerjord verkligen varit det, tvärtom tala alla omständigheter för, att den ej varit annat än kiseljord; t.ex. den löstes i kaustikt kali men fälldes ej därur av salpetersyra, tillsatt till jämn neutralitet; men alkohol frambragte i blandningen en gelatinös fällning, som icke löstes i syror. Ett tydligt bevis, att det är kiseljord.

Då varma källor endast finnas i trakter, där vulkaner äro eller bevisligen fordom varit, så lärer det väl intet tvivel vara underkastat, att vattnets värme härrör därifrån, att ådern passerar eller att vattnet samlas igenom bergsprickor, som ligga i grannskapet av vulkanens ännu i aktivitet varande eller ännu ej avkylda härd. Men denna ofantliga mängd av kol, som i form av kolsyra beständigt uppföres med vattnet ifrån jordens

KERSTIN BERNHARD

Fonolitbricka och fonolitklädda tak.

inre, varifrån kommer den? Visserligen icke från sönderdelade kolsyrade salter, efter de sannolikt icke finnas i vattnets passage och deras basis, upplöst i en annan, starkare syra, då borde följa vattnet åt, vilket här ej är händelsen. Håller då massan i vulkanens eldstad även kol, och fortfar dess förbränning till en ringa grad ännu?

Romarne hade här åtskilliga magnifika byggnader, som göterna sedan förstört. Ett ställe heter där ännu Place de Panthéon; man har ur jorden uppgrävt åtskilliga stenpelare, huggna i granit, vilka man nu sorgfälligt samlar; man har anledning på ännu flera och ämnar sammansätta därav ett monument till ställets prydnad. Baden hava hittills omgivits av en liten lortig by, byggd av lava, och brunnsgästerna hava måst taga hus på vindar och i lador. Då för några år sedan RAMOND, en god physicus, var prefect i detta departement och undersökte baden, tillställde han, att regeringen och departementet samfällt inköpte den plats, där baden ligga, och nu bygger man en mängd av stora och vackra hus, vartill den lätthuggna och oföränderliga lavan, som man blott behöver bryta och låta rulla ned ifrån bergen, ger lättfångna materialier. Nu såg stället således snarare ut som en stenhop än som en brunnsplats, men jag är säker, att det om några år skall tävla i glans och bekvämligheter med de flesta bad i Europa. Man höll på med uppdragandet av badhuset, varav ena flygeln redan var färdig. Ett och annat större hus med rum för brunnsgäster var även uppbyggt och inrett. Framför drickskällan hade man planerat och med huggen sten omgivit en öppen promenad för de drickande; man hade likväl ännu ej tänkt på någon betäckt promenadplats under regnväder. Dr BERTRAND sade sig hava funnit, att brunnen gör mesta nyttan, då vattnet går bort genom utdunstningen, vilket han sade går ganska mycket lättare här i en tunnare luft; han uppgav dalens botten att ligga 3.000 fot över havsytan, och han hade låtit uppbygga en ej beskuggad promenad för att genom solvärmen mera förbereda till en ymnigare utdunstning. Man dricker ej mer än 3 till 4 glas om dagen, drickningen sker på morgonen, och man badar varannan dag. 18 bad är högsta dosen, 9, 10 till 12 det minsta antal som behövs till hälsans återställande för de kroniska krämpor, som här kunna botas. Han påstod, att i åskväder vattnet är mycket mera kvävande

Place du Panthéon vid tiden för Berzelius visit i Le Mont-Dore.

än eljes, och hade inlämnat därom en avhandling till akademien, som ej alldeles gillat hans sätt att resonera och som begärt nya undersökningar och säkrare uppgifter.

Le Mont-Dore är liksom Vichy, Royat, La Bourboule och andra av Centralmassivets kurorter fortfarande vida känd. Allt efter omständigheterna kombineras numera kurverksamheten med olika former av friluftsliv med eller utan golfklubbor, skidor eller hästar med eller utan vagnar. Staden Le Mont-Dore har växt upp utefter stranden av Dordognes blygsamma början, inklämd i en glipa mellan klippmassiven, fortsättningen på en väldig ravin mellan Puy de Sancy och Puy de Cacadogne. Sedan kelterna valt platsen kom en glansperiod under de badglada romarna, som lämnat efter sig rester av termer och utsirade kolonner.

Under Place du Panthéon i stadens centrum kan bilen parkeras i Panthéongaraget medan man efter behov fortfarande kan vårda sin hälsa i Caesars bad. Det var hans häst som under fälttåget genom Auvergnes oländigheter inte oväntat blev så krasslig i benen att han måste lämnas kvar. Då Caesar återkom hade sjukligen tillfrisknat efter att händelsevis ha inandats ångorna över det varma kolsyrehaltiga vattnet från källan som rätteligen borde ha fått hästens namn. Det sentida stadgade ryktet grundlades under 1800-talets början av den vittberömde doktor Michel Bertrand, som stod för rörelsen, då Berzelius passade på att både bada och dricka, efter att ha tagit del av den frejdade brunnsdoktorns vattenanalyser.

I sin Auvergne-essä konstaterar Olle Holmberg att skalderna besjungit Frankrikes vin men aldrig ''dess för tungan ljuvliga, för förståndet välgörande mineralvatten''. Det har väl sin förklaring lika väl som att Berzelius vid sitt besök i denna hemort för de vulkaniska källorna ägnade deras alster större uppmärksamhet än druvans. Vin bekom honom beklagligtvis inte väl och han var specialist på mineralvattenanalys.

Idag kan det synas sällsamt att denna kemins storman, engagerad i materiens struktur och livsprocessernas förlopp ägnade så stor uppmärksamhet åt någonting så futilt som mineralvatten. Det hade han gjort ända sedan han under studietiden bättrade på sin ekonomi vid Medevi brunn, där han som s.k. fattigläkare tog hand om ''400 allmoge'' under överinseende av intendenten, som själv skötte 100 ståndspersoner. Det var ju brunnskulturens glansperiod; man drack, badade, förlustade sig och lät sig inpackas i gyttja i Medevi, Loka och Porla. Många krämpor behandlades och man ville gärna få reda på vilka ämnen som fanns i de hälsobringande dryckerna, i all synnerhet då det gällde tillverkningen av artificiellt mineralvatten.

Berzelius som inte lät något tillfälle till ''lortkokning'' gå sig ur händerna passade på att sticka emellan med vattenanalyser och så kom det sig att hans första tryckta skrift handlade om Medevivattnets sammansättning. Traditionen gick tillbaka till Urban Hiärne och Berzelius fullföljde en verksamhet som hans store föregångare Torbern Bergman på sin tid också bedrivit. De möjligheter som de olika hälsobrunnarna erbjöd spelade en stor roll bland den tidens medicinska rekvisita, och under senare delen av sitt liv sökte Berzelius själv lindring för sina reumatiska besvär vid olika kurorter.

Men inom den branschen hade han också hunnit med att göra bittra erfarenheter, bland annat som delägare i en mineralvattenfabrik, vars magra häst han talar om i sin reseberättelse. Vid Klara Norra Kyrkogata i Stockholm hade kirurgie magistern L. G. Werner just vid sekelskiftet satt igång en brunnsinrättning. Assessor Berzelius som övertalats att bli brunnsmedikus och kompanjon författade en skrift om artificiella mineralvatten, höll kemiska föreläsningar, deltog i ''sollenitete'' och ''Carouselle-fêter'' och hyllades i kvinnliga brunnsgästers poetiska alster: ''Han som könets prydnad är, bör ha glada dagar.''

Glädjen tog slut då Werners trassliga affärer drog med sig den godtrogne Berzelius i de ekonomiska transaktionerna. När det hela efter några säsonger gick i stöpet och kompanjonen försvann som bråckbandsförsäljare, tvingades Berzelius att under tio år kämpa med stora låneavbetalningar. Till bilden hör också att den skrift som Vetenskapsakademiens sekreterare refuserade handlade om vattenanalyser. Man tycker

Place du Panthéon med det nya badhuset.

Inhalationer runt en romersk pelare, nu som på romartiden och vid Berzelius besök, men i nya lokaler.

han borde ha fått nog av mineralvatten och brunnar. Icke så Berzelius; ännu så sent som på 1830-talet säger han sig rota med trynet i Porla Källa.

Just nu badar Place du Panthéon i solljus och de blåsvarta skuggorna av det lilla som är kvar av de romerska kolonnerna kan inte bli kortare. De flesta turisterna tycks vara ute på fältet, medan många äldre och många med krökta ryggar, förvridna händer och omvirade halsar söker sig till baden. Det "nya" badhus som Berzelius såg uppföras är nu borta och har i sin tur ersatts med en anläggning som undan för undan moderniserats. Ett stort anslag i entréhallen visar tidsschemat för de olika kurerna och på en annonspelare utanför konkurrerar affischer med casinots lättfärdigheter, diskons fröjder och föreläsningar om allt från kosmologi till själavård.

Att Le Mont-Dore vunnit rykte som "astmatikernas försyn" beror väl främst på att sådana andningsbesvär lindras på höjderna och staden ligger ju något mer än 1000 meter över havet. Baden, brunnsdrickandet, infusionerna, inhalationerna och pulvrisationerna, som – allt efter behag – kan bedrivas enskilt eller kollektivt, tycks vara bra mot allehanda skröpligheter i både bröst, buk och extremiteter. Numera behandlas årligen i Le Mont-Dore 15 000 patienter på läkarremisser, berättar brunnschefen som tålmodigt visar oss termernas alla möjligheter både i

Sankta Magdalenas brunn.

hallarna, som uppförts efter romerskt mönster, och i de enskilda behandlingsrummen som leder tanken till Strindbergs Drömspel. I den stora hallen där de tre valven bär namnen efter trion Caesar, Sankta Magdalena och Bertrand inbjuds vi att pröva de naturvarma hälsodryckerna som efter Berzelius besök underkastats ytterligare kemisk analys bl. a. med avseende på de nu så aktuella s.k. spårämnena. För egen del föredrar jag det mjuka kolsyrehaltiga Magdalenavattnet från en försänkt rikt dekorerad brunn framför den metallkantiga drycken som kvillrar fram ur fontänen på Caesars altare.

Med Berzelius frågar man sig varifrån ingredienserna härstammar, främst vattnet och dessa enorma mängder kol som i form av kolsyra ''beständigt uppföres'' från jordens inre. Vatten och kolsyra är ju för övrigt huvudbeståndsdelar i vulkanutbrottens gaskvastar. Numera betraktar man skeendena på och ovanför jordytan och de i jordens inre som delar av ett stort sammanhängande dynamiskt system. Det ''vulkaniska vattnet'' anses vara en återbörd av den del av jordytans och havens vatten som tränger ner i jordens inre med ett möjligt tillskott från magmans vattenhaltiga magnesiumsilikat. För kolets del står man nära nog lika frågande som på Berzelius tid. Att det finns magmatiskt kol tycks geologerna vara överens om, men också att man vet mindre om jordens innandöme än om världsrymden.

Vi längtar tillbaka till höjderna och tar vägen med hårnålskurvorna upp mot Puy de l'Angle som Berzelius besteg. Staden därnere i dalens grönska krymper, solen glänser över buktande ängar och här och var lyser det kastanjebrunt från pouzzolanehögar som ligger i beredskap för vägförbättringar. Att döma av kartan måste det vara ett halvt hundratal gamla vulkaner som tornat upp sig i klungor för att på så sätt bygga upp Monts Dore. Häruppe är man åter i lä för tiden, omgiven av sävligt betande boskap och högt ovanför vardagens bekymmer, vattenkurer och svavelbad. Skyar stiger dröjande över Sancymassivet och löser upp sig i molnskepp, som för fulla segel dansar över Puy de l'Angles mjuka krön och länsar förbi i förvånande närhet. Molnskuggorna rasar utför vulkanbranten, rinner iväg under oss och tunnas ut över vulkankedjan i norr.

> Vi avreste åter från la Vallée des bains kring kl. 12 och togo vägen över bergen till Rochefort. Vi sågo oss ofta tillbaka mot den sköna dalen och den stora samlingen av koniska bergshöjder, som syntes vara oss så nära och från vilka vi redan avlägsnat oss flera lieues. Det är omöjligt att beskriva den pittoreska och vilda skönheten av denna anblick; man måste hava sett detta ovanliga skådespel och hört dessa forsande bäckars sorl, som från alla håll nedströmmade med ett kristallklart vatten. Det är likt ingenting annat. Skönheten i våra svenska vyer är förträfflig; jag vill ej säga, att denna

Puy de l'Angle som Berzelius besteg.

överträffar dem alla; utsikten från Sjugare i Dalarne har ej sin like, men också detta landskap har ingenting, varmed det kan jämföras, det liknar ingenting annat.

Vi togo vägen över dalen emellan Roche Tuilière och Roche Sanadoire. Nedstigandet var så tvärt, att vi måste gå bredvid hästarna ned, men skönheten av stället var förvånande; vi fortsatte sedan vårt tåg över gamla och gräsbeväxta lavafloder, till dess vi vid solens nedgång stego utför den lilla angenäma dalen, där köpingen Rochefort är belägen. Vi hade här tillfälle att undersöka en coulée av prismatisk basalt, som hade sin ena sida blottad, och vi togo prov av basalten, av slaggen, som utgjorde dess undre sida, av den rödbrända, vittrade pimpsten, varpå den vilade, och av den ännu oförändrade pimpstensmassan ett par alnar djupare ned. Under denna låg en vulkanisk breccia, som fordom sannolikt endast varit lösa lapilli, vilka på tidens längd och genom vattnets återkomst löst grott ihop i ytan, och näst därunder en vittrande granit, alldeles lik den man träffar överallt i Auvergne såsom underlag för vulkanprodukterna. – Vi stego av på le Cheval blanc hos LASSOLA. Våra hästar logerades i rez-de-chausséen; en trappa upp var köket, matsalen och trädgården och två trappor upp gästrummen, där vi sovo ganska gott efter inhämtande av en ganska god supé.

DEN 24 JUNI.

MIDSOMMARDAGEN. Vi stego upp kl. ½ 6, gingo att bese den höjd, varpå Rocheforts slott är beläget, samt de vackra lager av prismatisk basalt, varav den är sammansatt. Ovanpå övergå dessa basalter till en gropig slagg, vari finnas stora grottor, i vilka folket ibland på högtidsdagar anställer lustpartier. Slottet är endast en ruin. Vi gingo hem från slottsbacken, frukosterade och stego ombord på våra fyrbenta farkoster för att återtaga vägen till Clermont. Vi foro över sidan av le Puy de Rochefort och nedstego därifrån i dalen till byn Orcival, därifrån den märkvärdiga jungfrun S:te Marie d'Orcival härstammar. Som kyrkan, helgad åt denna jungfru, var öppen, gingo vi dit in. Det var en gammal stenhusbyggnad i götisk smak med underjordisk kyrka, där jungfruns altare stod. Gamla kvinnor låg överallt i vrårna på knä och med efter utseende mycken andakt.

Vi togo därifrån vägen öster åt över åtskilliga äldre lavacouléer till den stora samlingen av vulkaner, som utspytt den ofantliga coulée, varöver jag redan nämnt, att vi den 20 togo vår väg. Vi besökte huvudsakligen le Puy de la Vache såsom den betydligaste kratern. Hela ena tredjedelen av bergets omkrets hade blivit av den utströmmande lavan kullvräkt och med lavan bortförd, och lavaströmmen stod ännu kvar i ett sammanhang nedifrån ända in i kraterns gap, där en fördjupning bakom visade, att sedan lavan redan börjat stelna, gaser och aska ännu hade ett hål till avlopp. Vi redo ändå in i kratern, där lavacouléen höjde sig obetydligt, avbetslade våra hästar, som fingo beta på den glest gräsbeväxta couléen, under det vi på dess brädd inuti kratern framtogo vår lilla kantin och betade på vårt sätt. Medan middagsmålet tillagades, besökte vi kraterns brådstupande insidor och funno där aragonit och vackra kristaller av titanjärn, sublimerade i en porös lava, som hade föga sammanhang. Jag besökte sedan kratern av Puy de la Gravouse, som var alldeles lika beskaffad med Puy de la Vache och låg alldeles därintill. På ett kort avstånd hade vi dessutom 6 eller 8 verkliga vulkaner ikring oss. Vi togo sedan vägen väster om Puy de la Gravouse och Puy Mercœur, foro förbi Puy Salomon och Puy le Cromanaux. Båda hade

samma skapnad som Puy de la Vache och hade givit ofantliga couléer, som vi foro över men vilkas yta var slät och ganska väl gräsbeväxt ävensom kratern. I Puy de la Vache var kraterns insida däremot ännu till det mesta bar. Vi passerade sedan förbi Puy de Dôme emellan båda Puys de Côme till en tredjedel av höjden på den ena till Puy de Pariou, dit ALMROTH och jag med ringa möda uppstego, emedan vägen redan fört oss upp på bergets halva höjd. Det är omöjligt att beskriva, huru vi överraskades av allt det sköna, som här i ett ögonblick framtedde sig i detsamma vi nådde bergskanten. En ofantlig och fullkomligt regelbunden, på alla sidor tätt gräsbeväxt krater öppnade sig under våra fötter. Man skulle ej svarva den fullkomligare i svarvstol. Dess djup var betydligt mer än hälften av bergets höjd. Boskap betade på alla kanter utom och inom kratern, och flera kor gingo även på dess botten. Vi nedstego ej för att bespara oss mödan att gå upp igen, som hade blivit betydlig. Då vi vände oss utåt, låg la Limagne utsträckt under våra fötter. Vi sågo Gannat, Riom, Montferrand, Clermont, Pont du Château, Martres och en mängd oss till namnet obekanta ställen. Slätten syntes oss bespäckad med en mängd större och smärre vulkaner, de flesta omgivna av sina lavacouléer. Åt ett annat håll lågo under våra fötter alla de nordligare vulkanerna, la Chopine, les Sarcouys och en stor mängd andra ända till Puy de [la] Nugère, som var den sista synliga. Deras antal var närmare 20. Efter nedstigandet satte vi oss åter till häst och följde ett stycke den lavaflod, som utbrustit från bergets fot vid dess nordöstra sida och framflutit ända till ned i Clermonts dal. Vi betade våra hästar en stund vid början av nedstigandet på slätten och fortsatte sedan vårt nedstigande. Temperaturen, som under de fyra dagar vi passerat i bergen hade varit ganska angenäm och ej besvärande, oaktat vi hade det förträffligaste solsken, tilltog, i mån som vi nedstego i dalen, på ett högst besvärande sätt, vilket i synnerhet åstadkom en olideligt brännande känsla i ansiktet. Vi anlände till Clermont kl. kring 6. Termometern stod där på + 24°.

Vi ångrade nu att av fruktan att hinna för sent fram ej hava gjort en liten tur åt sidan för att se ännu en annan märkvärdighet, som denna besynnerliga trakt framter, det var nämligen la fontaine d'Oulia, som frambryter på gränsen emellan graniten och lavan, ifrån les Puys

> de Côme, ett par lieues väster om Puy de Dôme. Denna källa har den i första påseende besynnerliga egenskapen att om vintern hålla 10 graders värme, men om sommaren är den alltid eller esomoftast omgiven av en skorpa av is och vattnet följaktligen iskallt. Detta härrör enligt BERTRANDS högst sannolika förklaring därifrån, att vattnet framkommer i själva den porösa, pimpstensartade lavan, som agerar likt porösa stenkärl och likasom de bekanta ostindiska stenkärlen frambringar is i den torra sommarluften, vilken i synnerhet här avsatt en stor del av sin fuktighet på de kalla, uppstigande bergstopparna.
>
> Vi hade nu beslutat att i Clermont vila oss nästa dag efter dessa 4 dagars mödor.

Som på Berzelius tid går vägen från "badens dal" till Rochefort-Montagne genom porten mellan Sanadoire och Tuilière, en gång i tiden förlossningskanal för en stor glaciär som urkolkade dalen i vår färdriktning. De två bergstaggarna är vad som finns kvar av vulkaniska pistongers stelnade innehåll. Sanadoire exponerar i ett brant stup en rad bärnstensfärgade orgelpipor i kolossalformat. Sådana orglar finner man lite varstans i vulkanområden och här är de uppbyggda av en kaliumfältspat med stora kristaller, en s.k. trakyt som lokalt fått namnet sancyit. Därovanför fortsätter Sanadoire i ett högt skrovligt klippmassiv där det ända in på 1400-talet fanns en fästning, under 100-årskriget tillhåll för rovriddare som höll trakten i skräck.

Tuilières jätteknippen av sammanbakade pelare vittrar ner i vackert sexkantiga brickor. Den sorgsna klang de ger ifrån sig vid anslag är anledning till att denna lava fått namnet fonolit. Brickorna är glansigt sidengrå med ett stick i grönt. De har sedan gammalt tagits tillvara för takbetäckning och man ser dem i vackra fjällmönster på de äldre husen i byarna. Numera ligger industriellt framställda brickor på många nya hustak, utan den extra poäng som en naturlig oregelbundenhet ger åt den ambitiösa regelbundenheten.

Att Auvergne föddes i raseri har ett generöst klimat gjort sitt bästa för att släta över. De dräktiga atlantskyarna som sveper in över vinlandet i väster ger Centralmassivet sin andel och gynnar höjdernas ängsmarker och dalarnas lövprakt. Här och var står vulkanfragmenten kvar i suverän nakenhet och ger spänning åt tillvaron.

På färden via Rochefort-Montagne till Orcival kom Berzelius att tänka på Dalarna och, förställer jag mig, "farbror Gahn". Smaken för fältarbete hade han odlat i samvaro med vännen Gahn i Falun som, kan det tilläggas, var en genial metallurg med europeisk ryktbarhet. Men mer än så. Ingen kom väl att stå Berzelius hjärta så nära som den "högst

KERSTIN BERNHARD

Glaciärporten mellan vulkanresterna Roche Tuilière och Roche Sanadoire.

förtjänte och muntre'' gubben Gahn, som avlidit under Berzelius Parisvistelse. Berzelius sörjde honom djupt för, som han sa, ''han var den enda av mina vetenskapliga vänner, där nitets sympati oss emellan aldrig slumrade, den enda med vilken jag kunde konversationsvis spekulera, och en av de få som ej behöva långa funderingar för att förstå en idé, varvid man ännu ej är van; hans förlust är mig ofantligt kännbar''.

Gahn och han hade 1814 rest tillsammans i Dalarna och det var för Berzelius en ''himmelsk tillvaro''. Den förtjusning varmed han gör sina iakttagelser och beskriver sina fynd härnere känner man igen från dalatiden tillsammans med Gahn då det hette ''återkomna till Falun började vi genomsöka jordens innandömen för att finna mineralier; under två och en halv månader sysslade vi absolut icke med något annat än med mineralogi, och jag är viss på, att få mineraloger varit lyckligare än vi i sina strävanden''. Berzelius beskriver också bergsformationerna så levande att åsynen av dem blir ett igenkännande.

Medan Alperna staplar upp sig i spetsig gotik har Centralmassivets höjder mer romanska former. Som sig bör håller sig Auvergne också med en alldeles egen romansk byggnadsstil i harmoni med naturen. ''L'art romain auvergnat'' slog ut i blom under 1000- och 1100-talen och Notre-Dame-du-Port i Clermont är en förnäm företrädare för denna strävt solida byggnadskonst. Nu möter vi den igen i Orcivals katedral. I själva verket går den berzelianska rundresan genom flera städer med representanter för denna stilart. Men det är bara i Orcival han tar en förströdd titt på katedralen, som i hans reseanteckningar reduceras till ''en gammal stenhusbyggnad i götisk smak''. Berzelius var intill märkvärdighet okänslig för denna konstart.

Kyrkan har liksom sina berömda samtida en samlad enhet i formen och de diskreta jordfärgerna i murarnas lavablock bidrar till tryggheten. Genom Orcival rinner numera en bullrig turistström men inne i kyrkan hos den lilla stränga, bladförgyllda madonnan råder ett suveränt lugn som bryggar över ett årtusende.

Jag vet inte säkert hur det är nu, men det har sagts mig att Auvergne haft rykte om sig att vara både den mest franska delen av Frankrike och den mest katolska. Den förstnämnda meriten – kanske främst hävdad av auvergnesarna – kan väl tillerkännas alla franska landsändar, utom Paris som är Paris. Vare sig Auvergne i det sistnämnda avseendet intar första rangplatsen eller ej, så lär det vara kvinnorna som numera sköter den saken. Vad beträffar det timliga, är Auvergne ett land ''där pengar kostar mycket'' och kräver därför en hel del av både kvinnor och män.

När vi på hemvägen till Clermont återigen slingrat upp på platån dröjer det inte länge förrän Puy de Dôme tar oss under uppsikt. I skuggan av en gråviolett, urgråten molnslöja ser han idag sällsamt melankolisk ut långt bortom ett pittoreskt knippe glada vulkaner i den soliga förgrunden. Vi känner hur han följer våra förehavanden bland de yngre syskonen Merceur, Lassolas, La Meyre och La Vache, som exponerar

Basaltorgeln i Sanadoires vägg.

Puy de la Vaches vulkanvägg inifrån den bevuxna "arenan", där Berzelius slog läger.

De glada vulkanerna Merceur, Lassolas och La Vache.

sina behag allteftersom vi rundar dem. Det är en brokig samling. Varje vulkan härnere har vanligen haft flera mer eller mindre täta utbrott och eruptionerna är ofta av olika slag från långsamt vällande till kraftigt explosionsartade. Utbrottens våldsamhet beror enligt geologerna bl.a. på hur mycket kiselsyra och vatten som det finns i den uppstigande heta magman. Smältans seghet är avhängig av kiselsyrakoncentrationen och explosiviteten hänger på mängden vattenånga.

Berzelius inbjudande teckning gör att vi bland mängden väljer Puy de la Vache för ett dagsbesök. Resten efter det utbrott som medforde att vulkanens sydsida sprängdes bort ligger omgiven av enorma lager sammanpressad vulkanisk aska, och på väg till vulkanen passerar vi flera pouzzolaneschakt i svart och rött. Vid entrén till vulkanens hästskoformade arena finns det numera en parkeringsplats där vi stannar för att, på en stig täckt med röd aska, till fots följa Berzelius in till arenans mitt. Stigen slingrar genom en skog med rikt inslag av hassel, slån, ask och björk bland skäggiga barrträd. Fågelsången ekar och svarthättan har solistpartierna i kören av rödhake, bofink, talltita och koltrast. Inne på arenan lyser tallgrönt och ginstgult mot vulkankraterns tegelröda innervägg som vittnar om händelsen för 8000 år sedan.

Den kommer mig att tänka på den resa som Berzelius gjorde tre år senare för att sköta om sin hälsa som brunnsgäst i Karlsbad och Marienbad. En god vän ordnade så att han fick träffa Goethe i Eger, ett möte som man gärna skulle vilja ha bevittnat. Goethe hade ju med diskutabla slutsatser vunnit ryktbarhet som naturforskare och i debatten om bergens ursprung ställt upp på neptunisternas sida. Det var ett nedlåtande geheimråd som Berzelius mötte; den 73-årige skalden fäste sig knappast vid hans närvaro. Men Berzelius tappade inte humöret utan höll ut, för han "var obeskrivligt nöjd med att hava fått tillfälle att se denne man, som utmärkes av så stora förtjänster av alla slag". Goethes översittarfasoner dunstade bort då vulkanfrågor kom på tal. Han bad Berzelius komma igen både andra och tredje dagen för diskussioner, kemiska

försök och utflykter. Härlig är scenen vid foten av en förmodad vulkan, då Goethe kallar på sin betjänt, som tar fram hammare och hacka och på Berzelius anvisningar går löst på stengrunden. Tvärtemot Goethes förmodan fanns det lava. Han blev både häpen och förtjust och ''förklarade nu sin övertygelse ändrad''. I Puy de la Vaches uppfläkta krater förstår man Berzelius, då han säger att det var erfarenheterna bland de här vulkanerna som han tog till hjälp i meningsutbytet med det egocentriska universalgeniet.

Rochefort-Montagne i sitt lummiga klov med Puy Gros i bakgrunden.

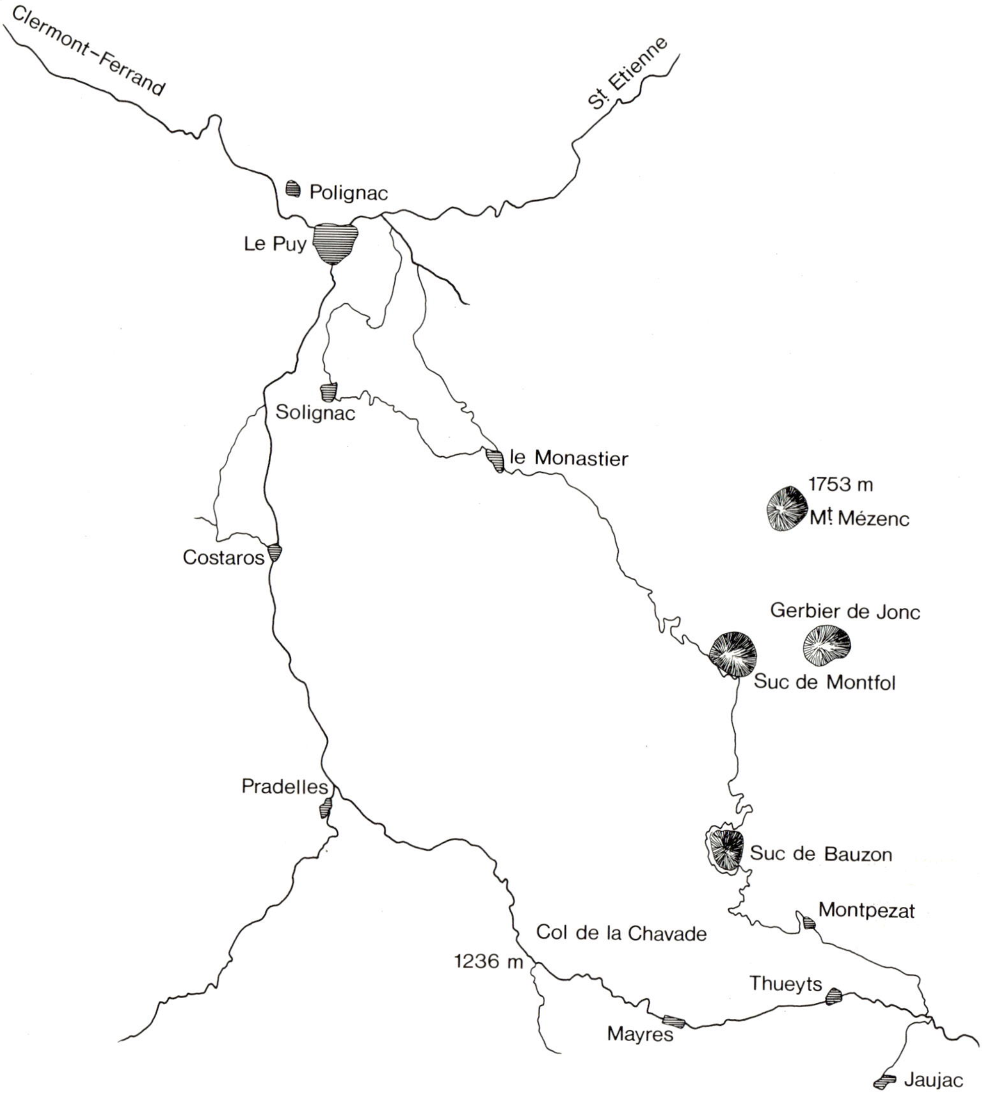

Berzelius resroute i Vivarais.

DEN 25 JUNI. Vi använde en del av dagen att etikettera våra från bergen hemtagna mineralier, vilka packades i en låda för att med *roulagen* gå till Paris och därifrån med sjölägenhet hemskickas till Stockholm.

Vår beskedlige följeslagare till Puy de Dôme hade förkylt sig av promenaden och låg nu till sängs av en feber, som utbrutit samma dag vi reste till Mont Dore. Han hade, så apotekarson han var, ej brytt sig om att taga på sig torra strumpor. Han var dock nu bättre. Vi gjorde en visit hos en gammal professor LACOSTE, directeur du Lycée, som var ett så riktigt ideal av skolmästare, att det ej bättre kan spelas av en god aktör på teatern. Gubben syntes mig det oaktat vara en ganska respektabel man. Han visade oss ett alldeles förträffligt kabinett av departementets och omliggande trakters mineralier, dem han alla på stället själv samlat och dem han hade utmärkt vackrare och förmodligen komplettare än någon annan.

Vi hade ämnat fara följande morgon med en så kallad *patache à volonté*, som vi ackorderat till Puy en Velay för 32 fr. Men postmästaren på byrån för diligensen fick kännedom därom och hindrade det för att nödga oss gå med diligensen. Vi ackorderade med en annan, som tog halva betalningen förut och gav kvitto, men som, sedan postmästaren fått kunskap därom, återbar pengarna och ursäktade sig. Vi upptäckte nu lyckligtvis ett annat diligenskontor; postmästaren där bevisade oss tydligen, att vi med patacherna, som ej äro på fjädrar och äro endast med ett valv av buldan försedda trehjulskärror, skulle förmodligen på 11 svenska mils stenig och backig väg framkomma med blånader i underredet och nödgas vila ett dygn, innan vi kunde återtaga våra kurser. Vi antogo således hans råd att taga platser i hans diligens, som skulle gå följande söndags morgon kl. 1/2 5 och kostade 2 fr. mindre på person än den andra. Vi gladde oss åt, att hans konkurrent förlorat sina drickspengar åt patache-värdarne och blivit oss förutan i sin diligens.

Gubben LACOSTE kom på aftonen och gjorde oss en kontravisit.

DEN 26 JUNI. Användes hel och hållen till uppsatser av våra reseäventyr och räckte knappt till. Vi hade ämnat besöka Puy de la Poix, men elakt väder hindrade oss. Den äldre MOSSIER, fadren, besökte oss och vi honom. Han gav oss åtskilliga vackra Auvergne-mineralier.

DEN 27 JUNI. Kl. 1 väcktes vi för att följa den till staden le Puy avtågande diligensen. Vi hade aftonen förut avsänt våra grövre bagage till unga MOSSIER, som lovat avskicka det med forvagn till Lyon, där det skulle emottagas av M. BIÉTRIX, pharmacien, Rue de l'enfant qui pisse. Vår diligens befanns vara en gammal hyrvagn med ett schäslikt säte på framsidan; jag och ALMROTH togo plats där, under det ARFVEDSON, som sist hann till åkdonet, måste hålla tid godo att åka inuti. Sällskapet där bestod av tvenne bönder från trakten omkring Puy. Åkdonet var tämmeligen bekvämt, jämförelsevis med vad oss sedan förestod, och utsikten från cabriolet'en i början av vägen ganska intressant. Vi foro långs åt östra sidan av Auvergnes vulkankedja emellan Puy de Covent och la Montagne de Gergovia. Städer, byar och köpingar lågo i myckenhet på och omkring bergtopparna. Slutligen hade vi tagit så mycket åt öster, att bergen försvunno, och vi anlände kl. ½ 11 till den lilla staden Issoire. Här fingo vi kuskens befallning att äta middag, vilket vi icke tyckte om, helst värdshuset föreföll oss nog kroglikt. Som vagnen skulle vänta till kl. ½ 1 för att vila hästarna, gjorde vi en liten promenad till ett vid vägen liggande stenbrott, men detta var ej annat än en vittrande granit med sprickfyllningar av en art rödkrita; vi vände därför om igen, och som man på ett efter utseende snyggare kafé ej kunde erhålla annan förtäring än kaffe, så måste vi bekväma oss att spisa vår middag på det värdshus, där vagnen stannat. Våra bönder hade redan slutat sitt mål och lågo nu med händerna i kors och med sina stora Sesemanshattar på huvudet i en slumrande ställning. Resan fortsattes efter maten, och vi anlände kl. kring 7 till en annan liten stad, kallad Brioude. För att komma in i värdshuset visade man oss in genom tvenne omåkade stall, som båda måste på längden genomvandras, därpå kom man in i köket, där vi tillsade om rum över natten. Man förde oss genom en oupp-

lyst och en upplyst trappa in i ett tämmeligen snyggt rum med en säng. Vi behövde tre, men pigan lät oss förstå, att det ej kunde fås. Efter mycket prut lovade hon oss att få tvenne; hon lagade då till en säng i detta och en säng i ett annat rum, där en *roulier* hade den andra sängen. Vi skjutsade forkarlen in i den granna kammaren och togo båda sängarna i detta rum, vilken förändring ej särdeles behagade jungfrun. Vi superade bland sällskapet i matsalen, som låg bredvid köket, men vi hade ett särskilt bord. Om jag vore målare, så skulle jag här ge en tavla av vad vi hade framför oss, som skulle bliva ganska lustig; men tyvärr kunna ord ej på ett rätt frapperande sätt uttrycka konturer, miner, klädedräkter och åtbörder, så att jag går våra spisgäster förbi.

Ända från Issoire hade bondfolket begynt taga en egen bestämd klädedräkt, särdeles karlarne, bestående i trasiga grå jackor, dito långbyxor och bara ben i träskor; till allt detta nyttjades trekantiga hattar och stångpiska. Hattarna voro ofta nya och av den modernaste fason, att mången gardesfänrik, som går med vänstra örat och ett stycke av den nyklippta huvudskulten ovanom bara, ej sätter en bättre hatt på resten av huvudet. Hårpiskan syntes hava varit kammad till julhelgen. Här och där föreföllo mindre moderna, trekantiga hattar, men det var mest vardagshattar av den art, som ses på figurerna i alla ritningar av scener ur revolutionshistorien, där packet är avritat med en sanning, som frapperar, när man sedan kan jämföra den med naturen . . .

DEN 28 JUNI. Vi väcktes kl. ½ 4 av en tjock figur, barfotad, med stångpiska och ett talgljus i handen, vilket han tog med sig ut igen, så att vi måste stiga upp i mörkret. Lyckligtvis var detta ej förknippat med stora svårigheter, ty vi hade lagt oss fullt klädda, insvepta i våra kapprockar för att inbilla vägglössen att vi ej voro där, likasom bonden, som hade ohyra i skinnpälsen, vände hårsidan ut och sade: "Nu tycker jag, att lössen skola undra, vart jag tagit vägen".

Då vi kommo ned, höll man på att spänna för en cabriolet med en häst. Som vi betalt för en diligens och tvenne hästar, gjorde vi föreställningar, men vilka icke avhördes, och vi funno nu, att den uppriktige postmästaren på den senare byrån i Clermont bedragit oss lika behändigt som den förre med den skillnad, att nu voro vi i fällan. Bönderna satte sig längst in, ARFVEDSON tog rum på framsätet, och nu återstod åt ALMROTH och mig tillsamman en plats, som var för trång åt endera av oss. Vi läto konduktören i ej tvetydiga, välbekanta fransyska termer, i vilkas uttal vi nu ej sakna en viss färdighet, förstå att detta ej går an, och då jag befallde honom visa en plats för den femte personen, bad han mig sätta mig *par derrière*, vilket besvarades med en ganska kraftig spark. Det var roligt att se, vilken uppväckande kraft detta lilla grepp (ty handgrepp kan jag ej kalla det) yttrade på det förut sömniga och trögrörliga odjuret. Vilken ofantlig mängd av *gr* och *tr* beständigt skorrade på hans tunga; men spelet var vunnet: karlen var nu vaken. Han engagerade en av bönderna att åka på skalmen av åkdonet, rygg mot rygg med honom, och så foro vi åstad, sex personer i ett tungt åkdon efter en häst. Vädret var regnaktigt och så kallt, att vi hade kapprockarna på oss inuti den övertäckta cabriolet'en hela dagen.

Våra resekamrater voro frågsamma. De ansågo franska för vårt modersmål och svenskan för en *patois* likt den de sig emellan talade. De frågade oss om mycket: om vi hade i Sverige kor och får. Vi mötte en svinhop; de frågade, om vi sett sådana djur förr, och förundrades över, att det fanns svin i Sverige också. De kunde ej begripa, huru man kunde resa så långt, helst resa var så dyrt, undrade om vi liksom de ömsade skjorta var söndag, om vi hunno få brev hemifrån på ett års tid, och ville mycket gärna få lära några svenska ord. Dessa gubbar voro ett hjärtans hederligt och beskedligt folk, som just gjorde oss nöje. I religionen syntes de vara intoleranta. De frågade med mycket *intérêt* efter, varest de kunde höra mässan i Issoire på söndagsförmiddagen, och syntes vara uppriktigt gudfruktiga män. ARFVEDSON var i deras tanke en prins, emedan han reste i cabriolet'en lika utstyrd, som han gick på gatan i Paris, då däremot ALMROTH och jag mera lämpat oss efter den franska ogenerade, osnygga resekostymen.

Trakten kring vägen var ej obehaglig och presenterade här betydliga vulkaniska massor. Vi åto vår middag på en landkrog i Fix. Vi fortsatte sedan resan till le Puy, dit vi anlände kl. 4 på e.m. Anländandet till denna stad framter en mängd oändligt sköna vyer. Staden är belägen i en dal, omgiven av ganska höga berg, största delen lämningar av vulkaner; mitt i dalen framstår en hög och tämmeligen stor, naken basaltklippa, vid vars östra, långsamt nedsluttande fot staden är byggd. Då man ser domkyrkan och dess torn tätt bredvid klippan, stå de förra såsom ett litet lekverk bredvid den senare. Ett stycke framför staden ser man en hög, på alla sidor tvärbrant klippa, som ensam uppstiger i luften, och på dess spets står en kyrka. Det ger en besynnerlig anblick. Åkdonet sänkte sig småningom den långa backen utför, föremålen blevo inskränktare, och vi voro slutligen inne i le Puy, som såg ut att vara en snygg och angenäm stad. Vi togo in, efter den adress man givit oss i Clermont, hos madame RONJER-BERJAT, där vi funno ett tämmeligen anständigt värdshus. Vi hade ännu tid att betrakta stadens och traktens märkvärdigheter. Vår värdinna gav oss en guide, som förde oss genom en ganska vacker väg och i ett mot aftonen rätt angenämt väder till bäcken Riou pouzzouliou vid byn Expailly ett par stenkast från staden. Denna bäck är märkvärdig därför, att man i gruset på dess botten finner en vulkanisk sand, som hyser ganska ymnigt titanjärn och hyacinter. De senare äro små, men ofta väl kristalliserade och vackra. Jag vet likväl ej, att man fiskar dem för juvelerare. Vi funno efter en stunds plaskning i smörjan några få hyacinter. Det ser ut, som vore de här ej rullade ned med bäckens vatten, ty de finnas endast inom en trakt av några få famnar, utan att man ovan eller nedanom finner spår till dem. Jag håller för sannolikare, att bäcken passerar över ett lager av vulkanisk sand, vari de innehållas, och att man på båda sidor om vattnet skulle genom grävning och vaskning få mycket mer av dem. Vid återvägen gingo vi in i byn, där vi köpte några hyacinter av en gumma, och snart hade vi hela byns käringlag omkring oss med små strutar av hyacinter, för vilka de begärde allt drygare och drygare betalning. Jag köpte en liten portion för 36 sous, varibland fanns en safir, anskjuten i en reguljär sexsidig prisma. I återvägen besökte vi det så kallade Mont de S:t Michel, som har en kyrka i toppen. Det har en trappa på sydöstra sidan, som går upp till kyrkan. Bergets höjd är 240 fot, och det är föga tjockare nedtill än upptill. Man insläppes genom en låst port. En kvinna, som släppte oss in och fick 5 sous i dricks-pengar, fordrade mera, emedan, sade hon, man för någon tid sedan givit henne 3 louisd'or. Vi bådo henne veta hut och vandrade upp. Vår guide påstod, att trappstegens antal är 365. Kyrkan är ganska liten, som en ordinär matsal. Allt järn och trä är uttaget, så att den har inga fönster, och de gammalmodiga alfresco-målningarna av heliga och kardinaler voro nästan bortritade med streck och inskriptioner gjorda med spikar. Man skall enligt vår guides utsago en gång om året, vid Michaelismässan, ge här en mässa, då kyrkan klädes med kläde. Runt omkring kyrkan var en 2 ½ à 3 alnars bred gång med en mur omkring. Muren var på alla sidor i rät linje med klippans vägg. – Just som vi kommo upp, utbrast en eldsvåda i staden, men den blev, lyckligtvis för husägaren, dämpad, så att vi icke fingo annat skådespel än röken och en hop människor på taken i staden.

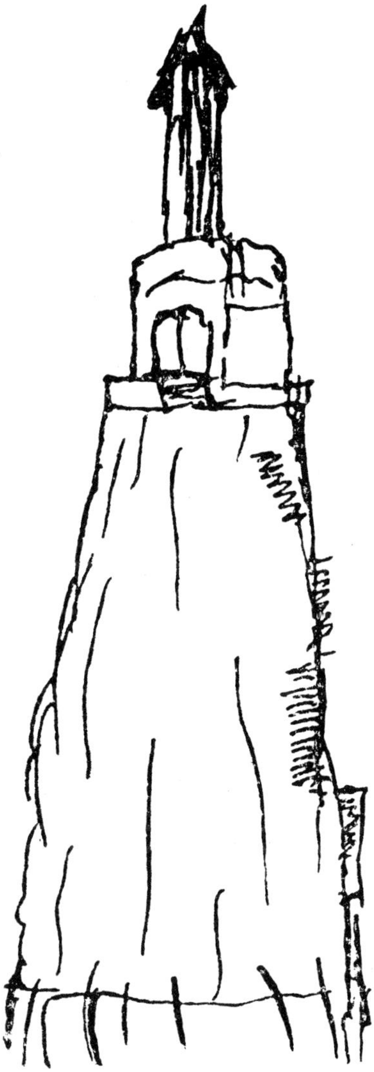

För att i tid bestämma vår resetur och att ej få vänta på diligensernas avmarsch besökte vi en byrå i hemvägen och ackorderade med frun, som sade sig föreslå byrån, att vi fredagsmorgonen den 2 juli kl. 2 f.m. skulle få ett åkdon för vår räkning till S:t Étienne, vilket å hennes sida väl 20 gånger bekräftades. Vi beställde oss en guide och 4 hästar för att följande dag till häst vidare fortsätta tåget till Vivarais.

Likasom karlarnes kostym redan från Issoire begynt ådraga sig vår uppmärksamhet, så skedde detsamma med kvinnornas i trakten omkring le Puy och sedan hela

vägen igenom departementen Haute Loire och Ardèche. De buro nämligen på söndagen svarta kläder och vit halsduk och på huvudet ett så kallat natt-sauté samt därovanpå en hatt av filt med en ganska liten kulle och stora vida bräm; denna fästades med kullen, så att han låg framåt och något åt höger, och detta bars av alla utom och inom hus. Vardagarna förblev huvudbonaden densamma, men klädernas färg varierade. Se här en liten modell av en Vivarais-flicka. Träskor höra alltid och allestädes till kostymen.

Över Clermont lyser en sol som får Puy de Dôme att se vänligt överseende ut när vi ger oss iväg på La Limagnes södra förlängning förbi Gergovie som en gång var huvudstad i kelternas Averne. På vandringar i Paris för många år sedan och för att söka upp August Strindbergs olika adresser hamnade jag bl.a. på rue Vercingétorix där Gauguin hade ateljé och där Strindberg vid sina besök smittades av behovet att bli vilde och skapa en ny värld. Det besynnerliga namnet med sin underliga betoning och bokstavsordning var det svårt att hålla ordning på. Denna gallernas hjälte blev verklighet först härnere på Gergovies bastanta basaltplatå – Berzelius Montagne de Gergovia – där han med sina kelter lyckades stå emot och besegra Julius Caesar och hans 30000 legionärer. Det var en kortvarig fröjd. Samma år blev han besegrad och Gallien romerskt. Auvergnes nationalhjälte har blivit väl ihågkommen, bl.a. på Place de Jaude i Clermont där han finns i vit marmor med draget svärd på en häst i furiös galopp över en romare i stoftet.

Det var först ett 50-tal år efter Berzelius besök som skulptören Auguste Bartholdi mot slutet av andra kejsardömet presenterade den första skissen. Sedan följde trettio års diskussioner och penninginsamlande innan gallernas hövding kom på plats. Då detta nationalromantiska monument först år 1903 med pomp och ståt avtäcktes av republikens president hade en helt ny tid randats inom fransk skulptur med Maillol och Despiau i reaktion både mot romantik, akademisk naturalism och impressionism. "En karusellhäst" menade en samtida kritiker, medan en annan tyckte att hästens rörelser inte helt saknade nobless. Hur som helst så har monumentets ryttare en högt uppsatt, ryktbar syster, en kändis i kolossalformat, frihetsgudinnan i New Yorks hamn, en present till USA från Frankrike utförd av samme Bartholdi.

Centralmassivet är en uppsträckt jättehand med bergskammarna som spretande fingrar mot norr. I dalarna mellan bergskedjorna flyter de ännu rätt blygsamma ursprungen till Loires biflod Allier, "Loiren" själv, Dordogne och Garonne, som mot norr och väster söker sig ut mot Atlanten. Åt andra hållet krånglar sig flöden utefter branterna ner mot Rhône i sydöst, bland dem Ardèche med sin vulkaniska omgivning, utflyktens sydliga mål.

La Limagne smalnar alltefter som vi närmar oss den romantiska hålvägen omkring Allier, som kantad av lummiga stup för oss ut på nästa slättland, Issoires eget Limagne. Det sträcker sig med sina spannmålsfält ända ner mot Brioude och trakten doftar av bördighet som vårdats under årtusenden. Issoire är nu mer industribetonad, medan Brioude hållit sig till de agrikulturella traditionerna. Båda de små städerna ståtar med katedraler i Auvergnes speciella romanska stil från 1000-talet.

Inför Berzelius angelägna fråga om hur långt tillbaka i tiden det kan ha funnits förfäder här nere frestas vi att göra några korta avstickare från hans resroute. Anledningen var att senare tiders franska vetenskapsmän i dessa trakter hittat föremål som hjälper till att ge svar på frågan. Redan på 1870-talet talade en greve de Morteuil om förhistoriska föremål i markerna nära den lilla byn Chilhac söder om Brioude. Så småningom fann man verkligen rester av stenverktyg tillsammans med skelettdelar av utdöda djurarter, en del täckta av vulkaniskt slagg. De åldersbestämningar som nu gjorts visar att de är lämningar efter människor och djur som levde där redan för omkring 1,5 miljon år sedan. Det är ju vackert så, men helt nyligen gjorda fynd kan, om de tolkats rätt, tyda på att företrädare för släktet Homo hållit till i Auvergne ännu mycket tidigare.

På väg ner till Clermont-Ferrand träffade vi i Paris min vän Yves Coppens, chef för Musée de l'Homme. Han hade någon dag dessförinnan i Franska vetenskapsakademien redogjort för resultaten av undersökningar som gjorts intill byn Perrier väster om Issoire. I markskikt med skelettdelar från en rad utdöda djurarter fanns föremål som man bedömt vara stenverktyg. Enligt åldersbestämningar, som tycks vara tämligen säkra, skulle de, om man gjort en riktig bedömning av dem som verktyg, vara tillverkade för omkring 2,5 miljoner år sedan. Framtiden får utvisa om tolkningen av dessa fynd står sig. De gav oss i varje fall anledning att ta en sväng genom Perrier. Omedveten om sin omdebatterade märkliga förhistoria dåsade den lilla idylliska byn i solhettan mot bakgrunden av en hög, raggig ås av stelnad lava som på sin bastanta rygg bär upp groteska lösblock med grottlika håligheter.

På färden söderut efter Allier kom vi i tur och ordning igenom Brioude och Gamla Brioude och jag förmodar att Berzelius genomled sin lusiga natt i Brioude, som redan på medeltiden var ett kulturcentrum. Gamla Brioude, det galloromanska Brivas, ligger både estetiskt och strategiskt välplacerat ovanför ett stup mot Allier och därifrån tog vi vägen till Chilhac utefter de fagra flodstränderna. På vägen mellan de livsgröna kullarna med sina lugna profiler tycker man att de äldsta hittills kända europeiska invånarna av släktet Homo valde en av de vackraste trakterna i världsdelen och glömmer bort att både vulkanism och klimatväxlingar har ändrat på mycket under årmiljonerna.

Det sägs att Auvergne från början inte var ämnat för människor men togs hand om av auvergnesaren, och så här gick det till. När Skaparen gjort berg, sjöar, skogar, blommor och allehanda märkvärdiga varelser med eller utan ben och vingar, tog han på åttonde dagen tillvara

Den furiöse Vercingétorix med en romare i stoftet.

I Allierdalen slog sig våra tidiga förfäder ner.

Basaltprismor stelnade på alluvial sediment för omkring 3 miljoner år sedan.

resterna och lyckades få ihop auvergnesaren. Han lät så denna sin senaste skapelse välja boplats och visade upp rätt så många av de rikaste och fruktbaraste platserna på jorden. ''Med Din tillåtelse, Herre, tar jag Puy de Dôme'' sa auvergnesaren och på Skaparens förvånade inpass att ''den var det ingen som ville ha'', svarade auvergnesaren att ''just därför gäller det att se till att den inte tappas bort''. Då höjde Skaparen återigen på ögonbrynen och försökte med att ''vulkanerna inte har slocknat än''. ''Då väntar jag tills de slocknar'', sa auvergnesaren, fällde ihop sitt paraply och satte sig ner i väntrummet. Han hade klart för sig att han på det sättet skulle få en boplats utan motstycke i världen. Nu vet vi att han med risk för livet tog trakten i besittning långt innan vulkanismen gjort sitt.

De förhistoriska upplevelserna lockar till en déjeuner i den närlig-

Chilhac.

gande byn Lavoûte-Chilhac. I den lilla matsalen som rymmer en handfull bord utbreder sig på ena sidan om oss den föregående ägaren över den nuvarandes inkompetens och på den andra har fyra glada lantmän kommit till osten och andra omgången rödvin, medan den inkompetensförklarade värden lovar att vi ska bli nöjda. Alla följer med rörande intresse händelseutvecklingen vid vårt bord när madame själv med ekorrögon och rosiga kinder tassar fram i sina filttofflor med menyn. Då vi gör vårt val viskar hon diskret i mitt öra, och jag förstår att för tio franc extra ingår fårkotlett, en av min hustrus favoriträtter, så jag säger generöst ja. Stämningen stiger med rödvinet och då det brakar till i köket, likt ljudet av ett klubbslag, jublar grannarna och ser menande på oss. Förklaringen ger sig först då mor kommer in med tre prydligt upplagda fårhjärnor där flottyren ger de rika vindlingarna en extra glans. Det är illa nog att jag missförstått hennes viskning, men än värre är att min hustru avskyr den sortens gastronomiska atavism, medan jag själv, skam till sägandes och till hennes förtvivlan, är inälvsätare. Våra grannar har fattat galoppen och ser fram emot något ännu roligare än kraschen, då värdinnan serverar och väntar på ett uttalande från min hustru. Men hon har situationen helt i sin hand, då hon med en min av glad förväntan bemöter min 10-francsgenerositet med att låta anrättningen smälta i munnen och lojal med sitt kön högljutt lovprisa den rosiga värdinnan. Då jag efter våra vänners glada skämt om kraschen i köket själv avnjuter delikatessen känns det som om grottmänniskan satt kvar inne i mig. Men det kan bero på felaktiga föreställningar om de vanor som våra förfäder hade härnere för några miljoner år sedan.

Några mil längre söderut kör vi från förhistorisk tid åter in i den berzelianska epoken. Det är vid Château Chavenoire, där det flaggas både franskt och amerikanskt.

När det berzelianska sällskapet reste här förbi i sin diligens hade ägaren Marie Joseph Paul Yves Roche Gilbert Motier de La Fayette fullbordat sin mirakulösa bana i kamp för friheten och satt rätt och slätt i deputeradekammaren. "Friheten är min heliga dårskap", sade han själv och det var med den som han både i Frankrike och Amerika tog sig för både krig och revolutioner samt, begripligt nog, också satt i diverse fängelser här och var i Europa. Somliga säger att han var naiv och fåfäng och andra att han var rödhårig och tölpaktig. Mer tänkvärt är att han var en romantisk slösare, eftersom det sägs att auvergnesaren är om sig. Ett sakkunnigt svar på denna grannlaga fråga i ett ömtåligt ämne ger den genuine auvergnesaren Alexandre Vialatte. Han menar att om det är någon egenskap som överträffar auvergnesarens snålhet så är det hans generositet och att La Fayette med sitt exempel rentvått honom från ryktet att vara om sig. Då intendenten på Chavenoire sade åt sin godsherre att tiden var inne för att sälja vete, eftersom det var ont om spannmål och priserna steg, svarade La Fayette med att skänka bort det.

När vi kommer upp på Velays höjder vidgas scenen bakåt och där står Puy de Dôme fortfarande på vakt tio mil bakom oss. Han släpper oss

Polignac med Vivarais blånade höjder i bakgrunden.

"Synålsberget", en av de mest fotograferade basaltklipporna i Europa.

inte ur sikte förrän vi på andra sidan bergskedjan slingrar ner mot Le Puy i den breda dalen omkring Loire, där vulkanismen slösat med bisarra produkter. Garnerade med grönska står kantiga terrasserade platåer och basalttorn mot bakgrunden av Vivarais bergskonturer på andra sidan Loiredalen. Bebyggelsen med slott, kyrkor och monument uppe på de höga basaltformationerna förstärker landskapets egenartade fysionomi. Det börjar med Polignacs arroganta slottsruin på ett bastant fundament som på den romerska tiden var tillhåll för Apollo. Så kommer vid infarten till staden den 80 meter höga basaltspiran, ''Synålsberget'', med kyrkan St-Michel på toppen. Hon ersatte på 1000-talet ett Merkuriustempel.

Denna befängda lodräta kombination av geologiskt kuriosum och sakral byggnadskonst som Berzelius förevigat är ett särdrag i stadens horisontprofil. Till dess karaktär bidrar också siluetten av katedralen och det väldiga klippmassiv som långt efter Berzelius besök kröntes med en madonna i kolossalformat, Notre-Dame-de-France, sexton meter hög och gjuten av tvåhundratretton nedsmälta kanoner från slaget vid Sebastopol. I tacksamhet över att Berzelius för vår räkning tog sig upp för de 267 trappstegen till St-Michel ägnade vi oss åt den mer åtkomliga katedralen och klosterträdgårdens romanskt välvda pelargångar. Inne i basilikan väntade den sällsamma svarta madonnan. Hennes styva mantel med guldbroderade vinrankor och sädesax har formen av en vulkan och lämnar bara det ebenholtssvarta bekrönta huvudet fritt. Ur ett mantelveck i navelhöjd tittar barnets huvud ut, även det glänsande svart och bekrönt. Broderiets slingor antyder underfundigt madonnans moderliga gestalt. Hon är en sinnebild för Le Puy, säger somliga, måhända för hela Auvergne på dess mörka lavafundament skapat av den underjordiska elden. Men själv är hon inte från trakten, för det lär vara Ludvig den helige som efter ett korståg hade henne med sig hit.

Ja så säger man, men hennes historia är krångligare än så. Ingen vet i själva verket vem som tog hit henne, men säkert är att hon alltsedan 900-talet tagit emot miljoner pilgrimer och att hon under revolutionen med militär övervakning kläddes av och brändes varefter askan ströddes ut utanför stan. Sådan var hennes situation när Berzelius kom till Le Puy. Men en skiss, som råkade vara gjord av en vulkanolog, antydde hur hon sett ut med barnet i knät, båda svarta men hon med vita händer. Så gjordes en kopia och i den formen, klädd och krönt, återintog hon 1856 platsen uppe i katedralen.

Den branta gatan dit upp, som under tidernas lopp måste ha knäckt mången åldring, var ännu för några år sedan kantad av de berömda spetsknypplerskorna. Nu får man nöja sig med en vaxdocka som med blicken riktad mot oändligheten för handen över knyppeldynan, som om hon strök en obefintlig katt över ryggen, allt under det bysten häver sig i en misstänkt regelbunden andning. Katedralfasaden högt uppe i gatans fond ger åter en påminnelse om det naturliga byggnadsmaterial som man går och står på och om auvergnesarens överlägsna sätt

Le Puy-katedralens lavastenmosaik.

att handskas med lavablocken. De naturliga skiftningarna i färg och form har utnyttjats för att ge en underhållande rörlighet år murarnas mosaik.

Det Expailly som Berzelius talar om torde vara Espaly-Saint-Marcel med de ståtliga basaltorglarna. De små "hyacinter" – eller jacinter – som han hittade nedanför stupen i bäckens vulkaniska bottensand är en form av s.k. zirkon som, i likhet med många andra mineral, kan uppträda i flera skepnader. Beroende på de optiska egenskaperna kan stenen ibland ha en så ädel färg och gnistrande briljans att den får juvelens rang och varierande värde.

Episoden kan sägas ha en fortsättning några år senare – efter Berzelius hemkomst till Stockholm – och ett efterspel i vår energislukande tid. Han använde sina "Expaillystenar" för analys på vägen till framställning av grundämnet zirkonium, vars atomvikt han några år senare bestämde. Det är en av de s.k. nya metallerna som först inte gjorde så mycket väsen av sig, men som nu plötsligt kommit i ropet på grund av särskilda fysikaliska egenskaper. Mineralet zirkon som visats vara zirkoniumsilikat har sedan 1950-talet blivit högeligen eftersökt därför att den rena metallen zirkonium är så användbar i kärnreaktorer som beklädnad åt de energigivande uranstavarna.

DEN 29 JUNI. Kl. 1/2 7 hunno vi äntligen sitta till häst. Vår guide var en bonde eller bondelik figur, liten och undersätsig till växten, försedd med en trekantig hatt, vars längd utgjorde en tredjedel av mannens. Även här hade man givit oss en hingst, vilken lilla guiden fick rida på. Tåget gick i början rätt galant, hästarna voro bättre än dem vi fingo i Clermont och hingsten mera bedagad. Vi foro ett stycke ifrån le Puy förbi ett slags *carrière*, där man för vägfyllning hämtade vulkanisk grövre aska. Vi funno där ganska stora krysoliter (oliviner), som lågo lösa och visade endast på utsidan, att de suttit fastsmälta i lavan, innan den vittrat sönder. Vi togo därav några stuffer, varibland en av ett barnhuvuds storlek. – Vi fortsatte sedan vår färd till sjön Bouchet. Detta är en vattensamling, som befinner sig i kratern av en ofantligt stor slocknad vulkan. Kratern är därav icke fylld ända till bräddarna, utan man har ett gott stycke att gå ned, innan man kommer till vattnet. Kraterns insida är gräsbevuxt, men en aln från vattnet upphör vegetationen, och stranden utgöres endast av röd slagg, pimpstens- och lavastycken. Sjön är ganska djup; vår ledsagare berättade oss, vad man i alla länder säger om djupa sjöar, att man lodat utan att finna botten. Vattnets nivå är nästan alltid densamma, intet annat än regnvatten fal-

Spetsknypplerskan.

ler in, och den har intet synbart avlopp. Guiden berättade, att den skulle hava en lieue i omkrets. Detta är säkert för mycket; man bör kunna gå runt omkring den på en halvtimme. Där finnas inga fiskar, förmodligen därför, att på dess botten ingen vegetation finnes. Det är besynnerligt nog att se en så isolerad och så stor vattensamling precis på högsta punkten av det omkringliggande landet. Vi hade här en rätt vidsträckt, men något vild utsikt. I öster låg den dal, där Loire-floden framstryker, och i väster Allier-flodens dal.

Från denna märkvärdiga sjö gick vårt tåg över ej särdeles goda gångstigar till staden Pradelles; vi kommo in på stora vägen igen, litet innan vi hunno staden. Vi hade anbefallt vår vägvisare föra oss på det förnämsta hotellet i staden, vilket han också gjorde, särdeles som samma hotell tillika var stadens biljard. Gannat var en ganska snygg stad i jämförelse med Pradelles, som i det hela ej kan betraktas som annat än en stor och osnygg bondby. Den ligger tillika så högt, att klimatet där är mycket sämre än i norra Sverige. Vi måste sätta på oss kapprockarna för att bevara oss för den kalla, men ej starka blåsten. Vi avstego, såsom jag nämnt, vid biljarden och infördes av värdinnan i köket, varifrån en krokig, gruvligt stupande trappa förde oss upp i matsalen, som befanns vara ett högst lortigt rum utan tapeter eller rappning, och där smutsens höjd på golvet ej väl tillät urskilja, om det var av sten eller trä. Trenne sidor av rummet upptogos av långa träbord, sönderskurna i alla bräddar såsom borden i Linköpings och Västerås skolor, men något smutsigare, och längs efter sidorna av vart bord stodo långa, varken raka eller släta bänkar utan ryggstöd och med runda, krokiga tallgrenar till fötter. För oss förnäma resande framsattes stolar. Som vi satt oss och var och en utsökt den position, som bäst vilade dess av ridningen trötta underrede, hörde vi ett gruvligt stoj över oss av barn, som skuffades och gräto. Efter denna åska kom ett regn, som bestod däri, att ett visst kärl med ett öra blev omkullslaget och dess innehåll genom det otäta taket sökte sig ned i matsalen. Lyckligtvis föll huvudströmmen så långt ifrån oss, att endast stänkande droppar träffade våra stövlar och långbyxor. Vi fingo tämmeligen snart en ätlig middag; men därvid upptäcktes, att huset ej bestod bordsknivar, emedan gästerna vanligen föra sina fällknivar i fickan. Värden bad mycket om ursäkt, men förebar, att bordsknivar ej brukas. Vi uppdrogo då våra fällknivar, och spisningen gick för sig. ARFVEDSON lämnade sin kniv kvar för att tjäna någon annan resande till uppbyggelse.

Vi hade ämnat stanna i Pradelles över natten, men det vi sett var nog för att bestämma oss att fortsätta resan. Klockan var nu 5; vi hade ridit 6 *lieues de pays* och hade ännu 4 kvar för att komma till ett drägligt värdshus. Början av vägen framställde ingenting anmärkningsvärt, om ej att sedan ARFVEDSON märkt förlusten av sin kniv, han skickade en bonde till Pradelles för att be värden skicka den till le Puy till vår värdinna. ARFVEDSON ökade därvid sin förlust med de drickspengar han gav åt bonden. Såsom anmärkningsvärt förtjänar också omtalas den mängd vedlass vi mötte, förspända med två kor och lassade på infama tvåhjulskärror, som aldrig varit smorda, vilket frambragte ett gnisslande, som hördes på långa avstånd och som invid lasset blev alldeles odrägligt. Man såg, vad de arma korna strävade för att draga en samling av ris, som en fattigstugukäring skulle hava dragit på en smord vagn utan stor svårighet.

Mot det att solen skulle gå ned eller just som hon sänkt sig bakom bergen, ankommo vi till les montagnes de Mayrès. Vi hade nu överstigit den punkt, som delar Frankrikes vatten, och begynte sänka oss längs efter dem, som falla i Medelhavet. Landet var här en samling av ofantliga nakna berg med djupa kultiverade dalar, där ingen väg finnes, om den ej muras upp, såsom man bygger hus. Vi följde nu en på detta sätt murad väg, som beständigt sänkte sig i samma grad av stupning och som var uppförd i början nära bergens topp men sedan närmade sig långsamt dalens botten. Som dalen med detsamma sluttade, så gjorde det fulla 2 timmars ritt. Denna promenad var så skön, att det är omöjligt beskriva den. De ofantliga bergen över oss, den djupa dalen långt ned under våra fötter, susningen av floden Ardèche, som vi hörde liksom på avstånd, den sköna, lugna aftonen, dagsljuset, som kämpade med månskenet och därav slutligen övervanns, vägen framför oss, som slingrade sig i hundra bukter lik en vit strimma kring de brådstörtande bergväggarna, de mångfaldiga vattnen, som tätt bredvid varandra rullade sig utför bergen och genom särskilt under vägen byggda brovalv samlade sig till Ardèche-floden, allt förenade sig till ett högst behagligt intryck. Vi stego av hästarna och ledde dem bakefter oss för att kunna så mycket långvarigare njuta den angenäma aftonen. Nu var dagen slut, och nymånens tända horn lyste oss ensamt. Vi sågo vår väg fullkomligt och föremålen, som närmast omgåvo oss, tämmeligen klart; men dalens botten låg svept i mörkret. Nu slog klockan nio i tornet av en kyrka ned i dalen. Vi kunde ej mer se den, och de långsamma, högtidliga klockslagen, som voro ett slags tre-klämt, syntes oss komma ur det inre av berget på dalens andra sida. Vi hade redan en romanstämning, och nu voro vi med själ och kropp var och en i utvecklingen av sin roman. Jag bör likväl icke här förbigå ett smärtande intryck, som blandade sig med förtjusningen av vår romantiska sinnesställning, det nämligen som vi fått av sadeln och som ansenligt förlängde den sista halva timmen av vår vandring. Temperaturen, som vid bergens topp ännu fordrade kapprocken, ökades under nedstigandet, så att denna slutligen blev alldeles överflödig. Som månen hade sänkt sig bakom det höga berget i väster och det begynte bli full natt, nedkommo vi på bottnen av Ardèche-dalen och anlände efter några minuter till byn Mayrès, där vi togo in på ett, för att vara beläget i en bondby, tämmeligen gott värdshus. Vår värdinna var en liten tjock och låghalt gumma, som genast gav sig i mycket språk med oss, under det hon och hennes dotter, som också var gift, bäddade våra sängar. De gåvo oss många välmenta råd i avseende på vår stenletning följande dag, av vilka en del kommo oss till pass vid vår ledsvens fullkomliga okunnighet om de ställen vi egentligen ämnade bese.

Den väg vi utför och längs efter Mayrès-bergen färdats, är ett ofantligt dyrbart arbete och liknar som ett bär de gravyrer jag sett av vägen över Simplon. Det är en stor och bred landsväg, som ämnades till att bli stora vägen från Paris till Marseille, och som detta var den svåraste delen därav, så gjorde man den först. Detta arbete var redan färdigt under LUDVIG XVI; under revolutionen hörde det till uttrycket av detta eftertänksamma folkets nit för friheten att nedbryta sidomurarna vid brådstörtningar och nedstjälpa det kungliga arbetet i avgrunden. Nu begynner den förfalla, och som det övriga av den föreslagna vägen ej blev fullbordat, så repareras den ej på annat sätt, än att man lägger på vägfyllning, där gropar formeras. Ännu är den likväl i fullt brukbart stånd, och fyrspända vagnar kunna mötas därpå utan olägenhet.

Vi hade i dag ridit 6 svenska mil och suttit 14 1/2 timmar på hästryggen. Man må då icke undra på, om vi sovo gott hos mor i Mayrès.

Den väg, som över Brioude förde oss hit ner till utkanten av Auvergne tog på romarnas tid slut här i deras Anicium, vår tids Le Puy, en kultu-

Den olivinrika basaltorgeln vid Espaly-Saint-Marcel.

rens utpost mot Vivarais bergiga ödslighet. Berzelius reseanteckningar visar att det på hans tid var krångligt att ta sig fram över dessa höjder. Där han och hans vänner red genom obygden med en vägvisare från trakten går nu en bekväm trafikled. Men ännu idag känner man sig lämna en kulturkrets för att över vattendelaren ta sig till nästa nere i Ardèches dalgång.

Rätt snart är vi uppe på 1000-meters platån där gröna fält och stenkransade gärden flyter förbi med blåeld och rallarros utefter vägkanterna. Trakten är rik på fårbeten och i Costanos fick vi veta att här håller man stora fårmässor och att byn också givit namn åt en alldeles egen fårras. En stor anläggning för bearbetning av den röda vulkanslaggen är förmodligen en utbyggnad av det stenbrott som Berzelius talar om och där han fann "ganska stora krysoliter (oliviner)".

Innan vi fortsätter söderut från Costanos tar vi en avstickare upp på den höjd där den perfekt cirkelrunda Lac du Bouchet ligger infattad i brunbränd vulkanslagg och dold av en tät hög granskogskrans. Men gömstället är lätt att hitta, för den "bottenlösa" sjön har blivit en väl utmärkt turistattraktion. Sådana små kratersjöar finns det flera av i trakten och horisonterna visar hela bräm av lustiga suc-siluetter; här nere är en vulkan inte längre en puy utan har den hemlighetsfulla beteckningen suc.

Vi är på väg till Pradelles, en enslig plats på Berzelius tid. Så är det fortfarande, för vem besöker numera Pradelles? Inte många kan man förmoda, för huvudleden stryker förbi på lite avstånd från byn. Den ligger i ängsmarker på en sluttning högt upp över Allierfloden. Hela byn sluttar. Den smala väg som går genom Pradelles fortsätter ner i grevskapet Gevaudan, där det mångomtalade, hiskliga odjuret spred en skräck som ryktet förlängde rätt långt in i de följande århundradena. Detta monster, en galen varg eller vad det nu kunde ha varit, slukade både barn och kvinnor, helst unga vackra herdinnor, sägs det. Solen gick i moln när vi parkerade på det sluttande torget och en vindil tog tag i bildörren; den

Utefter vägen till Solignac står basaltprismornas palissader på ett lager av sammanbakad vulkanisk aska som rödfärgats av oxiderat järn; ett resultat av hettan.

Pradelles.

kom där nerifrån, upp mellan de gamla trötta husen och påminde om de fasor och kusligheter som kan gro i en hemlighetsfull ödslighet. Mitt i denna ligger numera ett människans påhitt från de senaste åren, en onaturligt formad sjö som kommit till genom uppdämning av Alliers flöde och bortom den är ett uranbrott markerat. Det sägs att man tänkt sig ett kärnkraftverk här, men att planerna kom av sig.

I en krokig gränd sitter en ensam kvinna och berättar i klagande ton om branden som i går gröpte ur det gamla huset mitt emot. Fönstergluggarna stirrar hålögt ur förvirringen av förkolnade takbjälkar, fjädersprängda madrasser, halvbrända brev, böcker och sängkläder. Men murarna höll branden fången, den bastanta lavastenen, som varit med om värre, hindrade elden från att sprida sig.

Berzelius höll sig gärna välputsad och prydlig, till och med i laboratoriet. Men i övrigt är det tydligt att han tog tillvaron i en osnygg omgivning som en prövning. Det är inte bara härnere som han ibland klagar över löss, loppor, kyla, lort och stanker. De är också rätt väl redovisade i hans reseberättelser från Skandinavien. Snarare är det olägenheternas exotiska mångfald härnere som gör att han skärper tonen. Men man kan undra om det bara var de primitiva förhållandena som gjorde att han sökte sig vidare för nattlogi. Pradelles, med sin egen madonna som gjort under, fast hon bara är av trä, finns inte i resehandböckerna, men Pradelles är en förunderlig upplevelse.

Så fortsätter färden uppåt genom stora nyplanterade skogsområden fram till Col de la Chavade, där man från 1300 meters höjd ser ner genom Ardèches sköna dal.

Från vår strategiska position häruppe löper två vresiga bergskammar isär åt sydväst med en djup urholkning emellan sig och vi ser hur Ardèche efter sin debut häruppe i klykan söker sig ner i dalen för att långt utom synhåll ta sig mot Rhône. På en slingrig tiokilometerssträcka sjunker vi 1000 meter mot ravinens botten och glider makligt in i en ny värld med ett mjukare klimat. Vid husdörrarna utefter den långa raka gatan tar Mayresborna siesta under sina vinrankor. Så satt de säkert långt innan Berzelius kom hit och fann nattkvarter efter sin romantiska månskensritt utefter floden som ljuder som slutklämmen i sitt eget namn när hon risslar över den vita kvartssanden.

Vi fortsätter utefter Ardèche ner till Thueyts för att med en gång komma in i centrum för det operationsområde dit Berzelius hänvisats av sina Pariskolleger.

Strax innan vi svängde in mot det lilla hotellets entré ekade sirentjut mellan väggarna utefter den smala bygatan. Vi höll undan i väntan på brandkåren, men förbi dånade ett dussin blomsterprydda små privatbilar inlindade i breda mångfärgade sidenband med gaspedalerna i botten och stadigt påkopplade sirener i oktaver, terser och kvinter; först en last glada brandsoldater i blå uniformer och platta mösskärmar, så en blek brud och en rödbrusig brudgum och därefter en svans av släkt och vänner. Kortegen brakar iväg norrut, till nästa restaurang förmodar vår

På väg upp mot Col de la Chavade.

hotellvärdinna som ju vet hur det går till. Och vid en liten tvärgränd väntar parets blivande hem. Det är lätt att hitta dit för kvartersgrannarna har klätt husporten med en blomstergirland och ett anslag visar att brudgummen är charkuterist.

Idag råkar man inte utan vidare ut för en så exotisk patois som på Berzelius tid. I varje fall inte på värdshuset i Thueyts där vi superar i kretsen av bybor och en och annan resande. Visserligen är Ardèchedalen ett turiststråk, men det tycks mest vara fransmännen själva som tar vägen härigenom. Den breda invasionen går väl längre västerut åt Cantals höjder och Lascauxgrottorna vid Les Eyzies. Den här trakten tycks på så sätt ha undgått mycket av den internationella utslätningen och både språk och åthävor har bibehållit mer av sin lokala särart.

Vi känner oss inneslutna i den varma stämningen i matsalen; forellen, vinerna och en ostrepertoar med berömvärda inslag från Auvergnes och Vivarais högländer bidrar till sällheten. Men natten kommer kvickt, gästerna försvinner så småningom utefter platanallén där en svärm ekoxar brummar vid vägkanten. Koltrastens och näktergalens toner dör bort och över den långa byn breder sig dalens tystnad. Inte ens Ardèche hörs, fastän det är gott om vatten från höjderna.

DEN 30 JUNI. Vår nötaktige ledsagare, vars fåaktighet begynte allt mer och mer förarga oss, hade låtit hästarna stå sadlade över natten men hade låtit giva dem havre för 15 francs och hade själv frukosterat, så att han befanns något tankspridd. Han började med att glömma en jaktväska, som han bar över axeln och som innehöll vår matsäck och några av våra samlade stenar. Vi körde honom att vända om och hämta den, under det vi sakta tågade vägen framåt i dalen längs åt den lilla brusande floden. Vädret var behagligt, morgonen sval och landskapets skönhet ojämförlig. Vi skulle först se berget vid Thueyts, om vars läge ledsvennen ej tycktes vara rätt säker. Vi stannade därför ej långt från byn av detta namn vid en carrière av vulkanisk aska och grus för att se, om detta möjligen kunde vara det berg vi sökte, och som den lilla mannen ansåg för det rätta. Det befanns icke så vara, vi förebrådde mannen hans lättja att ej fråga, ty själva kunde vi ej fråga, emedan folket ända från Clermont talar en patois, som är mer italiensk än fransk, och kan ganska sällan fransyska. Inblandningen av italienska ord hjälpte mig väl någon gång att förstå något av vad som sades (*vaccia* t.ex. heter ko, *gauzo* vänster, *dritto* rätt fram, *morido* död etc.). De bannor vi nu samfällt gåvo den lilla mannen, gjorde honom yr i huvudet, och då han skulle stiga upp på den stora hästen, vilket alltid gav oss ett lustigt spektakel, så fick huvudet övervikt åt andra sidan, och ryttaren damp ned i marken. Jag tyckte just, att jag såg, hur hingsten trampade armar och ben av honom, men se – han stod upp igen, skakade av sig askan och kröp åter upp på hästen, där han denna gång blev kvarsittande. Med en stor spatserkäpp, som han hade i högra handen, hämnades han på hingsten och red nu åter framför oss, såsom närlagda figur här visar honom. En person, som vi på vägen tilltalade och som förstod fransyska, gav oss anvisning på det berg vi sökte och sade, att det kallades la Gravenne de Thueyts. I byn fingo vi en gosse, som visade oss dit. Men bergets utseende svarade alldeles icke emot beskrivningen i vår itinerär, som föreskrev, att vi skulle stiga upp och bese kratern samt sedan betrakta lavacourant'en, som skulle vara prismatisk och genomskuren av en bäck. Vi funno väl en bäck, men ingen coulée av lava. Jag uppsteg ej utan möda ensam till mer än tre fjärdedelar av bergets höjd, men som den återstående fjärdedelen var ännu brantare och ingenting försäkrade, att det var detta berg man utstakat i vår itinerär, vände jag om tillbaka, missnöjd att hava uttröttat mig så förgäves. Vi vände om till byn och fortsatte vår väg ej utan ett betydligt missnöje med en ledsven, som visste så litet till sig. Vägen gick beständigt längs efter Ardèche-floden, och vi överforo nästan beständigt vulkaniska trakter. Där lilla floden Alignon faller in i Ardèche, togo vi av en mindre väg, som förde oss till köpingen Jaujac, sista målet för vår vandring. Vi funno här en invånare i Jaujac, som erbjöd sig att föra oss till alla märkvärdigheter vid den där befintliga vulkanen, som fått namn av la coupe de Jaujac, därför att den är som en stor, avlång skål. Vi antogo hans tillbud. Vi

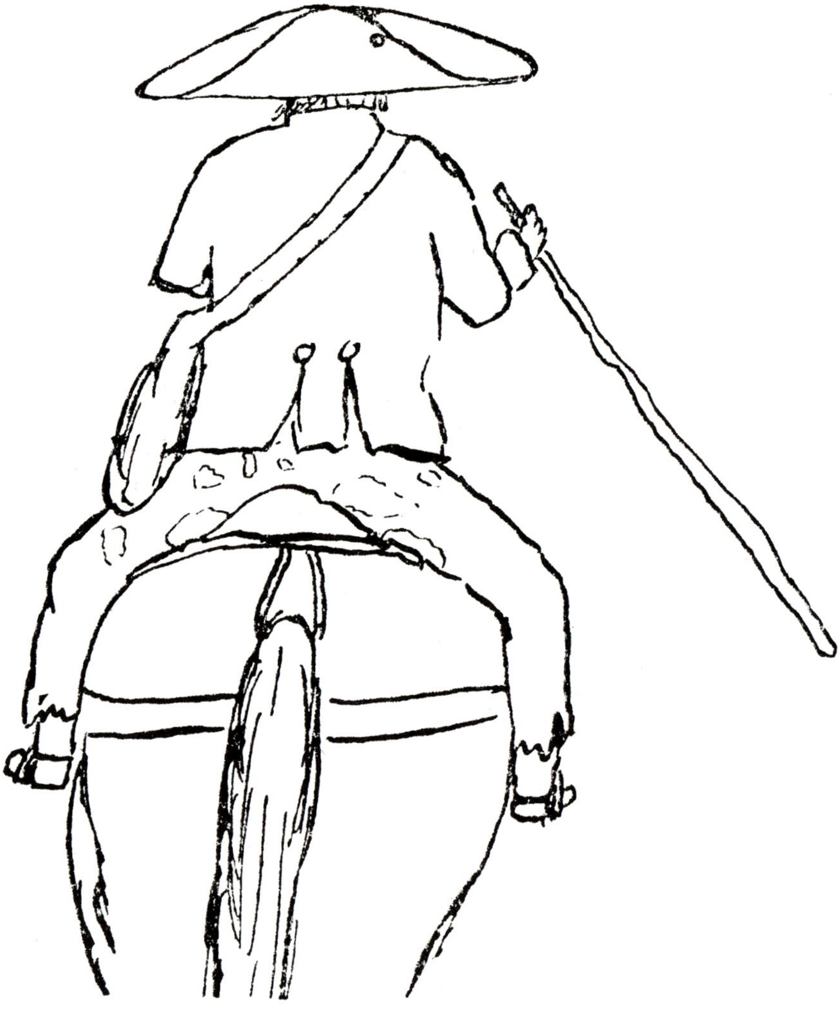

funno, just som vi gingo över Alignon på en smal, hög och mycket pittoresk bro av sten, att högra stranden av Ardèche och den vänstra av Alignon utgjordes av en lodrät vägg av basaltpelare av kanske 50 fots höjd. Vi stego av hästarna, som av guiderna leddes uppför en ganska svår stig upp på basaltens yta, där vägen sedan gick längs efter Alignon. Vi funno här tvenne tydliga lager av basalt, av vilka det undre hade spruckit i ganska stora, flersidiga prismer, men det övre, som var mäktigast, bildade endast ganska smala prismer, ofta krokiga, av högst 2 till 3 tums diameter. Vid själva bron står graniten fram så högt, att vi där kunde se basaltens superposition därpå, och vi funno ett lager av sand eller lös jord emellan båda, på vilken basaltpelarna vilade. Vi undanröjde denna jord och avslogo ett stycke av basaltpelarens fot, som slutade sig med en slaggyta, så att stuffen på ena sidan var en ovedersäglig basalt och på den andra en lika ovedersäglig vulkanisk slagg. Det var oss huvudsakligt att se och anmärka detta, emedan det länge varit en tvist emellan tyska och franska geologer, om basalten uppkommit av vulkanisk åtgärd eller på ett med flötstrappens bildning likartat sätt. Det gives hela sträckor av länder, där vulkaner icke existerat i historiens tid och där inga lämningar av utbrända vulkaners kratrar kunnat finnas; därav sökte tyska geologer och förnämligast WERNER bevisa, att basalten var en trappart, huvudsakligen innehållande hornblende och fältspat. Mot honom har CORDIER, författaren till vår itinerär, visat, att basalten ej innehåller hornblende utan augit (pyroxen) och att den på många ställen finnes blottad ända till sitt underlag, på vilket den vilar med en slaggig yta. Vi hade redan sett detta med den äldsta basalten, som vi funno vid Rochefort, men vars krater i urtidens jordvälvningar gått förlorad. Här sågo vi det åter i en senare formation, som vi längs vägen följde till sitt upphov, en slocknad vulkan, kallad Souliol, från vars tämmeligen höga och med röd aska runt om betäckta krater vi följde den utstigande lava-couléen, som på bergets södra sida nedflutit i Alignons flodbädd, över vilken den gick för att kasta sig in i Ardèche-flodens. Här hade den sedan blivit av senare revolutioner avbruten, tvärt över i Alignons bädd och längs efter i Ardèchedalen, och dess insida stod blottad från toppen ned till sitt underlag, graniten. Beviset för dess vulkaniska upphov stod således klart och ovedersägligt för våra ögon. Vi fortsatte vår väg längs efter Alignon och funno bakom Souliols courant en annan, ännu skönare och i högre och redigare prismer delad courant, vilken vi nu skulle följa ända upp i kratern av la coupe de Jaujac. Även denna hade två lager, det undre hållande större prismer än det övre, men emellan båda låg ett tre kvarters tjockt varv av slagg. Det undre lagret hade minst 40 fots mäktighet, det övre däremot hade säkert ej mer än 8. Vi redo på övre ytan av lavan, som var plan och bar en ymnig växt av gräs och säd. Den hade i forntiden fyllt dalen till denna höjd, innan senare jordskalv tillskapat den lilla dalen på sidan och bortfört en del av couléen.

Jaujac är en liten *bourg*, ful och illa byggd, bebodd av uteslutande bondfolk. Vi emottogos således på ett värdshus av alldeles lika art med det i Pradelles. Medan middagen åt oss tillreddes, gingo vi med vår ledsagare upp till *la coupe*, som ligger strax bredvid staden, och som själva staden är byggd på lavan, är uppvägen dit icke särdeles varken brant eller lång. Däremot är berget från de andra sidorna både ganska högt och tvärt uppstigande. Kratern är ganska stor och något avlång, men reguljär. Lavan har gått ut vid ovalens östra ända och där bortfört en del av brädden, så att man genast kommer in på dess botten. Den är gräsbeväxt och bär en skog av kastanjeträd (marronniers), så att man ej så väl ser dess utsträckning och form. Vi uppstego därför på kraterns brädd, som var mycket över trädens toppar, varifrån kratern till sin form och utsträckning presenterade sig ganska redigt. Vi gingo på kanten runt omkring och märkte, att innan lavan hunnit bryta sig ut för ena ändan, hade den stigit upp i kratern och begynt rinna över; den hade därvid stelnat på kanterna, och de stelnade skorporna blevo sedan där kvarliggande, då resten flöt bort genom öppningen. Allt detta ligger så klart för ögonen, att man ej kan undgå att genast inse det. Lavan delade sig utför bergets fot i tre couléer, en rätt fram och en på var sida, men som stupningen på sidorna var för liten, så gick den huvudsakligast rätt fram och fyllde dalen, ända tills den stannade mot den äldre couléen från Souliol. – Nedanom berget framkommer en springkälla, vilken man nyttjar till brunskurer. Den var starkt kolsyrehaltig, föga järnhaltig och kall. Dess vatten bildar en ständigt flytande, fingerstjock stråle. Vi lägrade oss därbredvid och drucko tre eller fyra läderbägare fyllda var och en. Det var nära mättat med kolsyra och utgjorde den angenämaste förfriskning vi kunde få. En arbetare kom med en butelj för att hämta dricksvatten, och han tömde först 1 ½ butelj på stället, innan han definitivt fyllde den för att avtåga. Han yttrade samma smak för kolsyrevatten som vi och pratade mycket om vattnet, som vi ej kunde förstå. – Vid vår middag presenterade man oss till dessert mogna päron. Aprikoser hade vi redan fått för 8 dagar sedan. På sidorna om vägen hade man hela dagen begynt att skära rågen.

Efter maten gjorde jag med ALMROTH en tur ner i Alignondalen för att ännu närmare undersöka couléen från Jaujac. Det är knappt 1000 alnar från kratern, som den spruckit längs efter hela sin längd, och på sina ställen står det avspruckna kvar, på andra är det bortfört, Gud vet vart. Här funno vi nu ett ställe, där lavan flutit på rena granitberget och där det senare blivit kluvet på samma gång som den förra. Här låg basalten utan synbar slagg omedelbart på graniten, men denna var vitbränd och så skör, att den smulades under fingrarna två tum under basalten, på tredje tummen var den vit och mindre skör, och fyra tum under massan syntes ingen av lavans hetta uppkommen förändring mera hava ägt rum. Vi utslogo några stuffer av detta lager, men såväl den hastigt avkylda basalten som den hastigt uppglödgade graniten hade blivit ganska sköra, så att vi endast kunde förvara bitar av stuffer. Det hade lyckats mig att få ut en ganska vacker och någorlunda sammanhängande stuff, där granitens alla förändringar syntes, men den krossades av ALMROTHS jättefot, och alla svettbad vi togo för att få en annan blevo fåfänga.

ARFVEDSON hade stannat vid värdshuset för att låta laga en sadel, som blivit söndersliten av hingsten, då han lade sig för att taga en liten lur på maten. Vi funno den vid vår återkomst lagad, och då vi ställde oss att lägga in våra stenar i papper, samlades hela Jaujacs barn- och kvinnoskara omkring oss för att se något så besynnerligt. De begynte slutligen tro, att någonting särdeles rart skulle finnas i dessa stenar. En karl kom springande med en dålig stuff av bergkristall, vilken han erbjöd oss att köpa, och fann sig högst förvånad, att vi kunde taga så allmänna stenar och förakta hans vackra kristaller.

Att väckas av en tupp som gal i lagom tid före morgonkaffet då solen i öster lyser utefter dalen genom vinrankornas och äppelträdens gallerverk är en lyx som Thueyts bjuder på. Vi är tacksamma för den platå som vid utfarten från byn är utbyggd från vägen mot flodens canyon för att bjuda på utsikt mot en hög basaltvägg. Det är förmodligen den "lava-coulée i Thueyts", som Berzelius sökte men aldrig fann. Anledningen var väl att han tillsammans med sin "nötaktige ledsagare" följde den gamla vägen nere i dalen, närmare floden. Som väntat visade klippväggen att de stora basaltprismorna står lagrade ovanpå urbergets splittrade yta.

I traktens stökiga vulkaniska hopkok ville man erbjuda Berzelius ett övertygande åskådningsmaterial, då han skulle ta ställning i debatten mellan "plutonister" och "neptunister". Här gällde det särskilt frågan om basalten. Hade den, enligt tysken Werners mening, kommit till genom utfällning i vatten – en s.k. trapp eller flöts – eller var den, som fransmännen hävdade, lava som vält ut från jordens innandömen och stelnat på underlaget av granit, rester från äldre eruptiva företeelser? Det var en angelägen fråga i strävan att klara ut jordens historia. I England, som Berzelius besökte strax före sin vistelse i Frankrike, var geologerna "delade i två sekter, den stora och sämre vulkanisk, den mindre och bättre neptunisk (vernerianer)". Själv tog han då inte någon bestämd ställning eftersom han inte hade gjort några egna iakttagelser.

Berzelius var en auktoritet och fransmännen var angelägna att föra honom till de orter där de funnit underlag för sina slutsatser. Berzelius nämner tacksamt Pierre Louis Cordier som stod för planeringen av resan hit ner. Han kunde inte ha fått en bättre ciceron. Cordier var en av den tidens främsta specialister på eruptiva bergarters sammansättning. Han hade börjat använda mikroskopet för att beskriva bergarternas struktur och levererat bevis för att basalt är en lava. Många mineral och bergarter har fått namn efter forskare, och som en hyllning av Cordier döptes, på "gubben Haüys" förslag, ett av silikatgruppens mineral till cordierit.

Berzelius gjorde sannerligen sitt bästa för att följa den uppgjorda planen. Men så hade han också den lyckliga egenskapen att alltid finna sig leva i en värld som bjuder på nya anledningar till undran. Det var med honom som med de flesta starka män, han levde i nuet, och reseanteckningarna visar hur han grep tag och engagerade sig i de spörsmål som han för tillfället fann vara av betydelse. Han skydde varken väder eller vind, då han i sin obekväma vadmalskostym kravlade omkring på slänterna för att se efter hur basalten ligger lagrad i förhållande till urbergets vittrade granit, porösa pimpstensmassor och ansamlingar av sand och grus som spolats ner från höjderna. För honom var ju experimentet i laboratoriet och vad han direkt kunde se ute i naturen avgörande för slutsatserna. Det är också typiskt att, då han slutligen tar ställning i debatten om basaltens "vulkaniska upphov", så gör han det på grund av sina egna iakttagelser härnere. Men han yttrar sig med en förutseende försiktighet då han om plutonismen skriver: "Jämför man å ena sidan den vetenskap-

Pierre Louis Cordier (1777–1862) som planerade Berzelius resa i Vivarais.

Basaltväggen utefter Ardèche i Thueyts.

liga nödvändighet, som synes ligga i denna åsikt, med det mot vetenskapens läror rakt stridiga som ligger i den Wernerska, så får den vulkaniska hypotesen en större sannolikhet än den neptuniska, utan att man ändå ännu kan anse den för bevisad och utan att vi därför kunna lösa många av de gåtor, som framte sig då vi studera detaljerna av jordens äldsta grundmassa."

Själv sitter jag med den detaljrika och fantasieggande kartan från Institut Géographique National framför mig i bilen. Med den tar man sig idag på välhållna vägar bekvämt fram till många av de märkvärdigheter som Berzelius sökte upp till fots och i bästa fall med hjälp av någon välvillig bybo som till äventyrs talade en någorlunda begriplig dialekt. I och för sig var språket för Berzelius inte något större problem. Han både talade och skrev franska, tyska och engelska perfekt. Här liksom i fråga om kemin och mineralogin var han i stort sett autodidakt men använde kunskaper som han under studietiden skaffat sig på språkkurser i Uppsala. Språkförankringen gjorde honom hemmastadd inte bara i laboratorierna och salongerna utan också ute på landsbygden.

Cordier visste vad han gjorde då han skickade Berzelius hit. Åskådningsmaterialet är sannerligen väl exponerat. Allteftersom vi glider fram utefter vägens slingor vänder sig klippväggarnas palissader långsamt om som kulisser på en vridscen och kastar blåsvarta skuggor mot flodernas vita sandbankar. Härnere omkring Ardèche och den lilla bifloden Lignon – som på Berzelius tid kallades Alignon – bjuder ett gytter av vulkaniska spillror frikostigt ut dramatiska scenerier som gömmer geologiska meddelanden åt den som förmår att tyda dem. Själv har Berzelius i sin iver blandat ihop Ardèches och Lignons högra och vänstra stränder. Det är ursäktligt, för lavaflöden från flera vulkaner, flodbäddar och vägar av gammalt och nytt datum slingrar här om, över och bredvid varandra.

På jakt efter Berzelius basaltvägg vid Lignon och hans smala "pittoreska stenbro" hittade vi många gamla vackra broar. Flera är från romartiden och står som smidiga luftsprång i sten mellan stupen. Medan Pont du Diable slår sitt eleganta valv över en av Ardèches många och trånga canyons, undangömd från de nya trafikstråken, ligger Pont de Reius över Lignon rätt nedanför en ny bro. Det måste vara Reius, som Berzelius talar om, för den leder över mot den basaltvägg han så väl beskrivit. När vi klättrade ner till bron från basaltplatån som Berzelius klättrade upp till och som bär vägen till Jaujac, kände vi respekt för vad lastdjuren alltifrån romartiden presterat upp och ner för branterna. Det är förståeligt att Berzelius satt av och lät sin häst klättra utan börda och förvånande att han inte använde sig av åsnan som under långa tider varit ett så tåligt fortskaffningsmedel.

Här liksom annorstädes i Centralmassivet är vattnet en kostbar tillgång. Jag menar den här gången inte de varma vulkaniska vattnen från jordens innandöme med eller utan svavel och kolsyra, utan det från höjderna. I varje by söker man gärna upp fontänen på torget med sitt ständigt rinnande kalla, klara vatten för människor och djur. Bäckarna

Ett virrvarr av gamla och nya broar, här över Lignon (Alignon på Berzelius tid).

och floderna bjuder både på bad och dryck och innan vi fortsätter klättrar vi ända ner till Lignons vitskimrande strandbädd för denna dubbla vederkvickelse.

Så sveper vi upp på den krokiga vägen på basaltplatån utefter Lignon för att med en avstickare till Jaujac få en föreställning om det eruptiva utspelet mellan vulkanerna. Den höga lövskogklädda bergsryggen på andra sidan Lignon, där röda palissader tittar fram här och var, är en rest av magmaflödet från Coupe de Jaujac på dess väg till det dramatiska mötet med lavan från Souillol. Härnere har man ännu inte hunnit göra så många dateringar men de få som gjorts tyder på att skådespelet ägde rum så sent som för omkring 10000–12000 år sedan.

Berzelius glädje över att ha blivit förd hit ner återspeglas i den årsberättelse om vetenskapernas framsteg som han gav vid Vetenskapsakademiens högtidssammankomst 1821: "De forna Auvergne och Vivarrais, numera Depp. Puy de Dôme, de Cantal, de la haute Loire o.n.fl. innesluta ett system av vulkaner, slocknade innan våra tideböcker begynntes, men varav produkterna stå kvar så oförändrade som om deras eruptioner skett i mannaminne. De lämna det skönaste tillfälle för geologen att studera vulkanfenomenens produkter i alla sina skepelser och utgöra nu det ställe, dit alla europeiska geologer, som ännu ej stadgat sina begrepp om vad som är vulkanprodukt eller ej, begiva sig för att med egna ögon se vad som blivit dem så otroligt. – Även jag har nyligen varit så lycklig att, vägledd av Cordiers anvisning och med hans arbete i hand, få besöka denna högst märkvärdiga trakt, beundra dess rysliga lämningar av förstörelse och igenkänna riktigheten av de resultat Cordier dragit av sina forskningar."

Vi hade nu nått vårt mål och begåvo oss på återvägen. Vår itinerär innehöll väl, att vi skulle bli kvar i trakten ännu en dag eller två för att se le Mézenc, men vi gåvo oss icke tid därtill. Vi foro från Jaujac till en annan något större bourg i dessa bergstrakter, kallad Montpezat. Vägen var vacker, vädret behagligt och resan ej tröttande. Nära Montpezat foro vi förbi andra sidan av la Gravenne de Thueyts och funno här den magnifika prismatiska courant'en genomskuren av en bäck, som vår itinerär förmodligen av misstag bett oss söka vid Thueyts. Men därtill hade fordrats att gå över bergets spets och ned i en ännu djupare dal på andra sidan samt för att komma åter till hästarna att göra samma väg en gång till i omvänd ordning. Vi hade allt tillfälle att från vägen betrakta detta verkligen majestätiska vulkanberg och dess courant och stego ej av hästarna, helst vi så nyss hade studerat samma fenomen vid Souliol och Jaujac. Vi kommo till Montpezat kl. 8 och

Berzelius pittoreska bro över Lignon – från romartiden.

Berzelius basaltvägg på flodbädden utefter Lignon.

hade i dag ridit blott två svenska mil. Pradelles är en renlig stad i jämförelse med Montpezat, som i träckighet överträffar allt, vad jag hittills sett. Ledsvennen sade oss, att vi intogo på bästa värdshuset; var detta sant, så må man be Gud bevara sig från att se de andra. Stallet var, som vi överallt funnit, nedre våningen, en trappa upp köket, som här tillika var matsal och sängkammare åt pigan, samt på vinden ett par gästrum, där smutsen betäckte så allting, att man knappt kunde upptäcka, om väggarna voro av sten eller trä. Däremot voro alla kvinnor vackra.

En mängd personer voro överallt i byarna sysselsatta med att härva råsilke från den i ugn dödade puppan av silkesmasken. En annan del satt vid knyppeldynor att göra blonder av alla storlekar och färger. Kvinnornas kostym var densamma jag förut omnämnt. – Vi passerade en ganska orolig natt. Under oss och på sidorna pratades ända till sent och ganska högljutt, och över våra fattiga kroppar tågade i kittlande marsch dels små svarta, snabbfotade djur, dels breda, bruna, stinkande och snåla insekter, efter vilka märkena än i dag sitta kvar och förvåna oss genom sin mängd.

DEN 1 JULI. Skyndom från Montpezat. Vår vackra värdinna höll på att stoppa bröd i kaffet åt oss, om ej ALMROTH hade kommit händelsevis in och förhindrat det. Jag fick av all orenlighet här en svår kväljning, som förföljde mig hela dagen och som är på vägen att återkomma, då jag nu erinrar mig, vad jag där sett och erfarit. Vägen ifrån Montpezat går i sicksack uppför berg, som utan den kostsamt anlagda ridvägen ej kunde överstigas ens till fots utan livsfara och ofantligt arbete. Vi foro ut kl. ½ 6 och hunno ej förrän omkring kl. 9 översta höjden av de berg, som omge den dal, vari Montpezat är beläget. Utsikten var stor, vild och förvånande, men framställde endast ofantliga bergmassor, av vilka de bebodda dalarna bortskymdes. Det blev med detsamma så kallt, att vi måste sätta på oss kapprockarna. Vägen gick uppför och utför oupphörligt, vilket tröttar obeskrivligt; vi hade nära 6 svenska mil att rida och ingen tid att försumma. Vi stego väl då och då av, och på en äng frukosterade vi med ett stycke fårbringa, som vi medfört från Puy men som varken kniv eller tand bet på. Vi gåvo den sedan

Vid Coupe de Jaujac, Berzelius sydligaste mål.

Nedanför Coupe de Jaujac.

åt en bondgumma med sina barn, som däröver hjärtligen fägnades. Vägen förde oss genom flera bondbyar. Vilka usla hål! Alla hus äro av sten utan andra fönster än små gluggar utan glas. Taket med en hög resning och av halm. Människor och boskap bo tillsamman. Nästan alla kvinnfolk sutto i ingången till husen och knypplade. Ingången var belagd med en fuktig blandning av boskapsgödsel, något halm och barnträck, och omkring stolsfötterna och träskorna bildade sig gropar fyllda av ett brunt vatten. – Vi ankommo till Monastier kl. 3. Vi läto våra hästar där vila och få ett havrefoder. ARFVEDSON och ALMROTH åto middag, men jag var så trött, att jag ej orkade äta; jag kastade mig på en säng, där en halvtimmes orolig sömn något repade mig. Vi satte oss åter kl. ½ 5 till häst och fortsatte resan till le Puy. Vi ankommo dit kl. 8. Jag har aldrig kunnat göra mig en idé om en så absolut trötthet som den, vari jag nu befanns. Det var med ett slags tillfredsställelse jag förnam, att ackordet om vagn för följande morgon kl. 2 var brutet och att vi således måste stanna nästa dag över i Puy. Jag lade mig, så snart det blev bäddat, vilket ej gick fort, emedan vi måste byta om rum, men jag sov också till kl. ½ 10 följande dag.

DEN 2 JULI. Efter frukosten gingo vi åter att lägga oss ovanpå sängen för att vila oss riktigt ut. Efter middagen gjorde ARFVEDSON och jag en promenad upp till klippan, vid vars fot staden är belägen. Den utgör en privat egendom och tillhör en man, som heter BONHOMME. Vi funno efter något sökande invägen och stego på trapporna upp till toppen, där rudera funnos av en gammal slottsbyggnad. Utsikten av staden och omliggande nejd var förträfflig. – Vi betingade i återvägen en cabriolet att följande morgon kl. 2 föra oss till S:t Étienne.

När man lämnar trakterna kring Thueyts och Jaujac för att ta vägen i lavadalen norrut upp till Montpezat rundar man Ventadours taggiga slottsruin. Canyons, vulkanrester och minnesmärken från antik och medeltid finns lite varstans, både mäktigare, rikare och praktfullare, men knappast någonstans i en sådan behagfull blandning som här, och utan de skrämmande, omänskliga dimensionerna. Vi kör långsamt i den ljusa dalen utefter de många basaltpalissaderna i Berzelius ''magnifika prismatiska courant'' och stannar i skuggan av körsbärsträd, lind och äkta kastanj. Kastanjerna har blommat ut, körsbären är sprängmogna och lindens vällukt blandas med dofterna från markens högsommarblomster. I ränningen av gult från vial, käringtand, solvändor, måra, fibblor och kungsljus finns inslag av klöverns och nejlikornas röda, väddens och myntans violetta, monkens och veronikans blå och olika vitheter från glim och flockblommor. Genom lövverket hörs koltrastens vanliga sång, medan bofinken talar franska. Mittemot, utefter lavabergens stup svävar svarta korpar. När vi inte förmår mer av smultron och mustiga körsbär fortsätter vi in i Montpezat där det inte längre sitter några spetsknypplerskor utefter bygatan. Kvinnor i bahytter med knyppeldynor eller handsländor var ännu för ett 10-tal år sedan ett av byarnas karaktärsdrag. Säkert var det bland dem Berzelius fann de skönheter han lovprisade.

Mina studier under besöket i det prydliga Montpezat övertygade mig inte om att kvinnorna skulle vara vackrare där än annorstädes i Auvergne och Vivarais, där vi mött många utmanande skönheter. Då jag tillfrågade en äldre erfaren montpezatesare om saken verkade han både smickrad och förvånad, kanske också en aning misstänksam över eventuella avsikter vid min mogna ålder. Under vårt angenäma samtal lät han i sirliga gester cigarren lämna efter sig oklanderligt avrundade figurer i den stilla luften. Han hälsade med glädje att vi ämnade oss upp på höjderna mot Monastier, runt Suc de Bauzon, önskade mig välgång i de fortsatta studierna och rekommenderade varmt en déjeuner hos sin gode vän Émile, halvvägs upp.

Tyvärr hittade vi aldrig Émile på sicksackfärden upp till tolvhundrametersplatån. Men i stället, ovanför ett stup ett litet auberge i vad man skulle kunna kalla pittoreskt förfall och omgivet av ett otal hundar och katter i olika hälsotillstånd, kacklande höns och tre totalt utslagna holländska cyklister i horisontalläge och himmelsblå trikåer. Även de var på väg uppåt. På rekommendation av värden, en trådsmal hippie med d'Artagnanfrisyr, bestämde vi oss för det enda som gavs, omelette aux fines herbes och som desert kastanjekräm utrörd med getost. Omeletten med allehanda blomsterkvistar som plockats på andra sidan vägen var tillagad med en ambition som översteg den gastronomiska färdigheten och efterrätten var en överraskning. Köket visade sig innehålla förvånande många håriga ungdomar av blandat kön, ännu flera hundar och katter och ringlande högar av odiskade glas och tallrikar där man efter behov tog från det översta lagret. Herrelösa hundar och katter finns det gott om i Frankrike och här var anhopningen resultat av ett kärleksfullt omhändertagande; många var rätt krassliga och dödligheten sades vara hög, men det kom alltid nya. Innan vi lämnade detta barmhärtighetens tillhåll bidrog min hustru med konsten att tillaga rönnbärsgelé för att öka ut menyn med en vildmarksprodukt som det fanns rikligt av och vars förträfflighet våra vänner inte kände till. Vi fick veta att snötjockleken förliden vinter varit 2 meter och bestämde oss för att också nästa gång förlägga besöket till sommarhalvåret.

Vi beklagade Berzelius som till följd av olägenheter och trötthet

Suc de Montfol i en krans av ginst.

inte kunde glädjas åt vad Vivarais högland har att bjuda på. För honom blev det en mödosam ritt genom en grågrym, kall och fattig ödslighet. Nödår hade följt Napoleonkrigen i spåren och därtill kom missväxt. Värst hade det varit de kalla solfattiga somrarna 1815 och de följande åren. I det karga Vivarais måste missväxten ha slagit hårt och haft långdragna sviter. Först långt senare kom man på tanken att härleda denna tillfälliga klimatförsämring i Europa till vulkanen Taboras gigantiska utbrott i augusti 1815 på Sumbava i Indonesien. Ett stoftmoln kastades upp i atmosfären som till och med här uppe hos oss berövade jorden värme och ljus från solen.

Vi har nu förmånen att under en emaljklar himmel bekvämt färdas genom detta strävt sköna Vivarais. Bauzons djupa skogar med granstammar som massiva cylindrar och de bläckmörka åsarna omkring dalarna, där den ännu unga sydgående ''Loiren'' skarpt viker av mot nordväst, måste för Berzelius ha varit enbart skrämmande. Ängsmarkerna på slänterna såg han inte mycket av och inte heller alla beställsamma bäckar, Loires många tillflöden. Uppe på höjdplatån, som i långa, rena vågor sträcker sig upp mot Monastier, ligger byarna glest. Vägen knoppar här och var av små bivägar som leder till liv i stillhet. Även om stora förändringar skett, särskilt under de senaste decennierna, kan väl fortfarande mycket av det som för den tillfällige besökaren ter sig som idyller ännu gömma bistra verkligheter.

Det fanns gränser för vad Berzelius kroppsligen stod ut med. Den ambitiöse Cordier hade i planen för återtåget norrut också lagt in ett besök på det nära 1 800 meter höga Mont Mézenc. Den visiten hoppade Berzelius över, och när vulkantopparna Mézenc och Gerbier de Jonc dyker upp och frestar till ett närmande håller vi oss till Berzelius och smiter i stället nära intill Suc de Montfol, som så här års omger sig med en bred kant av ginst. Vinden drar som ett andetag över svingel och tåtel och i gräsets böljor betar kor och får. Högt uppe på taket till ett av uthusen på ett gårdstun sitter husmor och stickar i solgasset, medan hennes mediterande getter skådar ut över vidderna och låter vinden svepa genom skäggen.

I Monastier tycks tiden ha stått stilla alltsedan Berzelius där tog en halvtimmes vila och Stevenson en mansålder senare för 65 franc och en konjak köpte Modestine, ''en diminutiv åsninna med vänliga ögon, bestämd underkäke och musfärgad päls''. På ett anslag vid torget finns en minnessten som talar om att det var här som han tillsammans med Modestine började sin äventyrliga vandring ner, via Pradelles, in i Cevennerna. Då hade man huggit ner skog för vargfarans skull. Nu är det väl fråga om hur det ska gå med den nyplanterade skogen till följd av industriutsläppen. Monastier har tagit väl hand om Stevenson och vi gav inte upp förrän vi i en gammal klosterbyggnad, som nu är rådhus, hittade ''Stevensonmonumentet''; en vägg där hans vandringsled är utmärkt med ett rep som från övre vänstra hörnet slingrar till det högra nedre, med knopar vid symbolerna för de olika orter han hedrade med sitt besök.

Filosofer på Vivarais höjder.

KERSTIN BERNHARD

Brunnen i Monastier.

"Loiren" på väg från Vivarais ner mot Le Puy.

En så solig dag är det svårt att lämna den fridfulla byn och älskvärdheten som mött oss på värdshuset, gatorna, torget, poststationen och baren där madame var så vacker trots att hon inte kom från Montpezat. I stupen ovanför byn fann vi också en bergvägg med ståtliga basaltpelare som Berzelius var för trött för att alls bry sig om.

Medan det för honom gällde att så fort som möjligt ta sig till Le Puy för att vila ut, valde vi den slingrande dalsänkan förbi Solignac för att för sista gången återse Loire, som nu vuxit till sig sedan vi sist möttes uppe i Vivarais. I Le Puy skildes vi från Berzelius, eftersom han sedan direkt och utan kommentar reste vidare med diligensen till St-Étienne. När vi på vår väg tillbaka till Clermont-Ferrand åter kom upp på höjderna och Puy de Dôme stack upp längst bort över den norra horisonten var vi åter hemma i Auvergne.

Berzelius behövde lång tid för att återhämta sig efter alla strapatser i "en gudomligt vild trakt", där han i tre dagar suttit på hästryggen 12–14 timmar om dagen. Tre veckor senare skriver han från Genève att han ännu har känningar av sin "hästryggsfärd". Som en fortsättning gjorde han, i långsam takt, en vetenskaplig turné genom Schweiz och Tyskland så att han först i september återkom till Stockholm. Där kunde han nu på förbättrade ekonomiska villkor som sekreterare hos Vetenskapsakademien ta itu med denna församling, som var i så starkt behov av hans ledarskap. I sin självbiografi säger han: "Jag kunde nu skatta mig för en av de lyckligaste människor. Resan hade återställt min hälsa och mitt goda lynne, min utkomst hade blivit ända till riklig, och mina skyldigheter med allt detta icke annat än att ägna mig som förut åt en vetenskap, som alltid utgjort min levnads sällhet. Give Gud, att man vid slutet av mina dagar må kunna säga att denna lycka icke träffat en alldeles oförtjänt."

BERZELIANA

J. J. BERZELIUS, De Physiska Vetenskaperna. Kungl. Vetenskapsakademiens Årsberättelser för år 1820. Stockholm 1922.

JAC. BERZELIUS, Självbiografiska anteckningar. Utgivna av Kungl. Vetenskapsakademien genom H. G. Söderbaum 1901.

JAC. BERZELIUS, Reseanteckningar. Utgivna av Kungl. Vetenskapsakademien genom H. G. Söderbaum 1903.

JAC. BERZELIUS, Brev. Band IV, Häfte 3. Utgivna av Kungl. Vetenskapsakademien genom H. G. Söderbaum 1925.

JÖNS JACOB BERZELIUS och CARL PALMSTEDT, Brevväxling. Utgiven av Kungl. Vetenskapsakademien genom Jan Trofast, vol. I-III, 1979–1983.

FRÄNGSMYR, T., "Berzelius geologiska uppfattning" i Upptäckten av istiden. Lychnos Bibliotek, Almqvist & Wiksell, Uppsala 1976.

FRÄNGSMYR, T., "Berzelius som filosof" i Vetenskapsmannen som hjälte. P. A. Norstedt & Söner, Stockholm 1984.

HOLMBERG, A., Bibliographie de J. J. Berzelius. Utgiven av Kungl. Vetenskapsakademien 1933.

HOLMBERG, A., Berzelius Porträtt. Utgiven av Kungl. Vetenskapsakademien 1939.

JORPES, J. E., Jac. Berzelius. His Life and Work. Almqvist & Wiksell, Stockholm 1970.

KROOK, H., Jacob Berzelius. Rabén och Sjögren, Stockholm 1979.

LINDROTH, S., "Berzelius och hans tid" i Löjtnant Åhls äventyr. Wahlström & Widstrand, Stockholm 1967.

LUNDGREN, A., Berzelius och den kemiska atomteorin. Uppsala 1979.

SÖDERBAUM, H. G., Jac. Berzelius. Levnadsteckning, vol. I–III. Utgiven av Kungl. Vetenskapsakademien 1929–1931.

REGISTER

Berzelius använde sig emellanåt av felaktig stavning eller av under hans levnad vedertagen benämning. Detta register följer den i dag gällande stavningsprincipen. Kursiv siffra anknyter till bildtext.

A

B

C

D

E

F

G

H

I

J

K

L

M

N

O

P

U

V W

Y

Z
